KB252422

셴의 포틀럭 파티 레시피

파티의 즐거움을 함께 나누는

센의
포틀럭 파티
레시피

공원주 지음

팜파스

포틀럭 파티를 즐겨보세요!

포틀럭 파티는 참석자들이 각자 요리나 와인 등을 준비해서 함께 즐기는 미국 또는 캐나다의 파티문화입니다. 최근 우리나라에서도 점차 자리를 잡아가고 있는 파티 형태죠.

포틀럭 파티는 파티를 주최하는 사람이 장소 제공과 더불어 간단히 메인 메뉴를 준비합니다. 그리고 파티 참석자들이 직접 만든 음식이나 취향에 맞는 주류들을 준비해 함께 즐기는 파티입니다. 포틀럭 파티의 장점은 파티 주최자가 모든 음식을 준비하지 않아 부담이 없고, 참석자들 또한 부담 없이 즐길 수 있어 우리나라에서도 선호하는 파티가 되고 있습니다.

서양의 문화라고만 느껴졌던 파티 문화가 어느새 우리에게도 친숙한 문화가 되었습니다. 사실 파티라고 하는 것은 어렵고 불편하게 느껴질 수도 있습니다. 하지만 이웃집 사람들끼리 모여 각자 가져온 찐 감자와 부침개를 나눠 먹는 것 또한 의미를 두고 보자면 소소한 포틀럭 파티라고 할 수 있습니다.

포틀럭 파티의 다른 의미를 보면 '있는 것만으로 장만한 음식'을 뜻하기도 합니다. 저는 요리를 만드는 것을 좋아하기 때문에 지인들과 가볍고 소소한 홈파티를 즐깁니다. 좋아하는 사람들과 삼삼오오 모여 서로 만든 음식을 나눠 먹으며 이야기를 나누며 작은 파티를 즐기는 일은 언제나 즐겁고 행복합니다.

내가 만든 음식을, 다른 사람이 만든 음식을 함께 나누어 먹으며 소통하는 것을 좋아해서 친구들을 초대해 파티를 즐기는 즐거움을 나누고 싶다는 생각을 할 즈음, 책 출간의 제안을 받았습니다. 그때의 기쁨은 말로 표현할 수 없을 정도로 벅찼죠. 왜냐하면 책을 통해 더 많은 사람과 포틀럭 파티의 즐거움을 나눌 수 있는 기회가 생겼으니까요.

책을 쓰는 일은 고되고 힘든 작업입니다. '내가 왜 이 일을 시작했을까?'라는 후회의 마음이 들기도 했죠. 하지만 레시피를 구상하고, 요리를 하고, 사진을 찍고, 원고를 쓰면서 후회의 마음은 곧 두근거림으로 다가왔습니다.

주변 친구들만 보아도 당장 아이의 생일 파티는 어떻게 열어야 할지 모르겠다고 힘들어하는 모습을 볼 수 있습니다. 또 밖에서 먹는 음식을 싫어하시는 부모님의 생신에 어떤 음식을 차려야 하는지 메뉴 선정에서부터 고민에 고민을 하게 되죠. 이때 파티를 연다는 것, 쉽게 말해 잔치를 치르기 위해 꼭 주최자가 혼자서 모두 부담해야 한다는 생각을 바꿔보세요. 파티에 참석하는 모든 사람이 함께 파티를 준비한다고 생각하면 언제든 파티는 즐거운 문화가 될 것입니다.

저는 이 책을 통해 아직은 친숙하지도, 익숙하지도 않은 포틀럭 파티에 대해 쉽게 이해할 수 있기를 바랍니다. 또 파티 메뉴 선정에 어려움을 겪는 분들에게 상황에 맞는 파티에 어울리고, 맛있게 먹을 수 있는 요리들을 소개하고 있습니다.

모두가 함께하는 포틀럭 파티를 위해 손쉽게 재료를 구할 수 있고, 만드는 방법도 쉬운 레시피와 조금 난이도가 있고 재료가 많이 필요한 특별한 레시피들을 수록하였습니다. 또 가족들을 위한 포틀럭 파티, 아이들을 위한 키즈 포틀럭 파티, 친구들과 함께하는 포틀럭 파티의 주제에 맞는 메뉴 선정과 스타일링에 대한 모든 것이 수록되어 있습니다.

포틀럭 파티를 통해 좋은 사람들과 함께하는 파티를 더 이상 어렵고 힘들게 느끼지 않으셨으면 합니다. 모두가 즐겁고 맛있게 즐기는 파티가 되길 바랍니다.

공원주

CONTENTS

Part 01

가족들을 위한 파티 Party with family

Part 02

아이들을 위한 파티 Party for kids

Part 03

친구들을 위한 파티 Party with friends

이 책에 사용된 여러 가지 양념들

소금　이 책에서 쓰인 소금은 입자가 작은 고운 소금을 기본으로 사용했습니다. 조미료가 가미되지 않은 순수한 고운 소금을 계량해서 사용하세요.

간장　이 책에서 사용된 간장은 양조간장을 기본적으로 사용하였습니다. 시중에 나온 맛간장, 진간장 등이 아닌 양조간장을 기본 베이스로 사용해주세요.

후춧가루　이 책에서 사용된 후춧가루는 후추 홀을 즉석에서 직접 갈아 쓰는 것을 기본으로 계량하였습니다. 페퍼밀이 부착된 후추를 구입하면 편리하게 사용할 수 있습니다.

식용유　이 책에서 쓰인 식용유는 엑스트라버진 올리브유, 포도씨유, 카놀라유, 해바라기유 등이 사용되었습니다. 특정적으로 엑스트라버진 올리브유 등의 정확한 명칭이 제시되지 않고 식용유로 명칭된 레시피에서는 포도씨유, 카놀라유, 해바라기유 등의 무향 오일을 일반 식용유로 사용하면 됩니다.

핫소스　이 책에서는 핫소스로 타바스코 핫소스와 스리랏차 핫소스를 사용했습니다. 두 가지 모두 맛과 향이 다르므로 각각 다른 특징을 살려 레시피에서 제시한 핫소스를 사용해주세요.

타히니　타히니는 이 책에서 후머스를 만들 때 사용된 참깨페이스트의 일종으로 아이허브, 인터넷 수입 식재료상에서 구입할 수 있습니다.

버터　이 책에서는 무염버터와 가염버터를 모두 사용하였습니다. 레시피에서 제시된 버터를 상황에 맞게 사용해주세요.

치킨스톡과 비프스톡　이 책에서 사용된 스톡은 서양 조미료의 일종으로 스톡을 직접 만들기 번거롭고, 어렵게 생각되는 분들을 위해 쉽게 맛을 낼 수 있도록 소량 사용되었습니다. 요리에 맛을 살려주는 스톡은 수입 식재료상이나 백화점 식품관 등에서 손쉽게 구입할 수 있습니다.

허브믹스　허브믹스는 바질, 오레가노, 파슬리, 세이지, 로즈마리, 마조람 등의 말린 허브를 섞어 놓은 제품으로 이탈리안시즈닝이라고도 불리며, 간단하게 바질, 오레가노, 파슬리, 로즈마리 등을 동량으로 섞어서 사용해도 무방합니다. 이 책에서의 허브믹스는 간이 되지 않은 순수하게 말린 허브로만 사용하였습니다.

이 책에 사용된 계량법

1컵= 240ml 기준, 1큰술= 15ml, 1작은술= 5ml 기준으로 사용되었으며, 한 꼬집= 엄지와 검지 사이로 살짝 집은 정도를 뜻합니다.

소금 및 가루 종류의 계량 소금 및 가루의 경우 계량스푼으로 떠서 젓가락 등으로 스푼 윗면을 평평하게 정리하여 계량합니다.

된장, 고추장 및 소스의 계량 고추장이나 된장의 경우 계량스푼으로 떠서 윗면이 살짝 볼록해질 정도를 기준으로 계량합니다.

액체류 등의 계량 계량컵 기준 240ml를 넘기지 않는 정도로 계량합니다.

파티에서의 중요한 준비물

컵과 와인잔 파티의 특징과 준비한 주류 및 음료에 따라 특징에 맞도록 준비합니다.

그릇과 접시 파티의 주제와 요리의 특성에 따라 그릇의 종류와 컬러 등을 매치해서 준비합니다.

커트러리 숟가락, 젓가락, 포크, 나이프, 스푼, 디저트 스푼, 디저트 포크, 버터 나이프 등 파티의 특성에 맞게 준비합니다.

냅킨과 테이블 매트 냅킨과 테이블 매트는 상차림을 더욱 빛나게 해주는 역할을 할 뿐만 아니라, 개인의 위생을 고려해서라도 인원 수에 맞게 넉넉하게 준비하도록 합니다.

그 밖에 파티에서 필요한 소품들 식탁보, 캔들, 냅킨링, 센터피스, 네임택 등을 함께 준비한다면 좀 더 근사하고 멋진 파티를 즐길 수 있습니다.

테이크아웃 용기들과 일회용품들

포틀럭 파티의 특성상 음식을 직접 준비해가야 하는데 집에 있는 그릇에 담아가기 번거롭거나 마땅한 용기가 없을 경우에 번거로움을 줄이기 위해 테이크아웃 용기를 적절히 사용하면 좋습니다.

테이크아웃 컵 다양한 디자인과 다양한 재질로 만들어진 테이크아웃 컵은 음료나 소스 등을 담아가기에 적당합니다.

페이퍼 박스 및 테이크아웃 용기 천연 사탕수수 섬유질로 만들어진 페이퍼 박스는 친환경적이며 소재가 가벼워 음식을 담기에 부담이 없고, 쓰고 버려도 환경에 해가 되지 않습니다. PP 재질의 테이크아웃 용기 또한 소재가 가볍고 재활용이 가능한 제품입니다. 그리고 전자레인지에 사용이 가능해 뜨겁게 데워 먹는 음식을 담아가기에 적합하며 투명한 재질이어서 상차림에 그대로 사용할 수 있어 편리 합니다.

플라스틱 컵과 플라스틱 접시, 플라스틱 커트러리 캠핑이나 야외에서의 파티를 원할 경우 깨지기 쉽고 무거운 소재의 그릇보다는 파티용으로 만들어진 플라스틱 컵과 플라스틱 접시를 사용하면 간편하고 좋습니다. 파티용으로 예쁘고 튼튼하게 좋은 제품들이 많으니 야외에서의 포틀럭 파티를 계획한다면 다양한 종류의 파티용품으로 꾸며도 좋을 것 같습니다.

그밖에도 우드 소재의 가벼운 커트러리, 랩핑 페이퍼, 스트로우, 푸드픽 등을 파티에 사용하면 좋습니다.

가족들을
위한
파티

Party with family

01

사랑하는 나의 남편과 아내의
생일을 위한 포틀럭 파티

오늘, 사랑하는 남편(아내)을 위해
평소 친분이 있는 지인들과 조촐하게
파티를 준비하기로 했습니다.
혼자 음식을 준비한다니 힘들 것 같다며
지인들께서 요리를 하나씩 맡아주셨어요.
각자 자신들만의 비밀 레시피가 있는
맛있는 요리들로 사랑하는 사람의
생일상을 준비할 수 있다니 이보다
더 큰 생일 선물이 있을까요?

—

미트로프
트라이플
매쉬드 포테이토
와인에이드
그린홍합 그라탕

—

미트로프

| 4~5인분 |

· **재료** ·

다진 쇠고기 250g, 다진 돼지고기 250g, 달걀 1개, 레드와인 2큰술,
다진 양파 100g, 빵가루 1컵, 소금 1/2작은술, 우유 1/2컵, 말린 허브믹스 1작은술, 넛맥 1/2작은술, 후춧가루 1작은술

소스 케첩 1/3컵, 머스터드소스 2큰술, 갈색설탕 2큰술, 레드와인 1큰술

01 볼에 다진 돼지고기와 다진 쇠고기, 말린 허브믹스, 넛맥, 후춧가루, 소금, 레드와인, 다진 양파를 넣고 섞는다.

02 달걀과 우유, 빵가루를 넣어 섞는다.

03 용기에 반죽을 꾹꾹 눌러 담는다.

04 케첩, 머스터드소스, 갈색설탕, 레드와인을 섞어 소스를 만든다.

05 반죽 위에 소스를 골고루 펴 바른 뒤 175도로 예열된 오븐에 1시간 정도 굽는다.

TIP

미트로트에 분량의 소스를 넉넉하게 만들어 함께 곁들여도 좋다. 또한 미트로프를 굽고 난 육즙의 기름기를 걷어내고 밀가루, 버터, 비프스톡을 넣고 걸쭉하게 끓인 그레이비소스를 곁들여도 좋다.

TIP

구울 때 너무 빨리 윗면이 타면 중간에 호일을 덮고 굽는다.

트라이플

| 4~5인분 |

딸기 1컵, 바나나 1/2컵, 블루베리 1/2컵, 카스텔라 1컵, 냉동 크랜베리 1/3컵

커스터드크림 우유 300ml, 계란 노른자 3개, 설탕 60g, 바닐라빈 1개,
박력분 20g, 무염버터 15g, 소금 1/4작은술

샹티크림 생크림 300g, 설탕 30g

01 바닐라빈은 반으로 잘라 씨만 긁어
낸다.

02 노른자에 소금, 설탕, 바닐라빈을
넣고 섞은 뒤 우유를 조금씩 부어가며
섞는다.

03 체 친 박력분에 02의 재료를 섞어
체에 한 번 거른 뒤 중불로 가열한다.

04 걸쭉한 상태가 되도록 계속 저어주
며 끓인 뒤 버터를 넣고 섞는다.

05 커스터드가 완성되면 표면에 랩을 밀착시켜 냉장고에서 차게 식힌다.

06 과일과 카스텔라는 한입 크기로 썬다.

07 생크림에 설탕을 부어가며 뿔이 단단히 서도록 크림을 만들어준다.

08 용기에 카스텔라→커스터드→과일→생크림 순으로 올리고 맨 위에 과일로 장식한다.

매쉬드 포테이토

| 4~5인분 기준 |

• 재료 •

감자 375g, 무염버터 1큰술, 사워크림 3큰술, 소금 1/4 작은술,
설탕 1작은술, 후춧가루 1/2작은술, 다진 파슬리 1큰술, 우유 50~100ml

01 감자는 껍질을 벗겨 김이 오른 찜기에 15~20분간 찐다.

02 감자가 익으면 볼에 넣고 으깬다.

03 으깬 감자에 무염버터, 소금, 설탕, 후춧가루를 넣고 섞는다.

04 으깬 감자에 사워크림, 우유, 다진 파슬리를 섞는다.

와인에이드

| 2잔 분량 |

• 재료 •

레몬 1개, 설탕 2큰술, 레드와인 100㎖, 사이다 500㎖, 얼음 2컵

01 레몬즙을 낸 뒤 설탕을 섞는다.

02 저그에 얼음을 가득 채우고 레몬즙을 붓는다.

03 사이다를 붓는다.

04 마지막에 레드와인을 섞어준다.

그린홍합 그라탕

| 3~4인분 |

그린홍합 10마리, 파르미지아노 레지아노 치즈 30g, 파프리카 1/2개, 후춧가루 1작은술,
다진 파슬리 1큰술, 생크림 1/4컵, 우유 70ml, 피망 1/2개, 소금 1/4작은술, 레몬즙 1큰술, 빵가루 20g, 파슬리 약간

01 홍합은 끓는 물에 살짝 데친다.

02 피망과 파프리카는 잘게 다진다.

03 볼에 빵가루, 소금, 후춧가루, 우유, 생크림을 넣고 섞는다.

04 홍합에 레몬즙을 뿌린다.

05 홍합에 속재료를 채운 뒤 파르미지아노 레지아노 치즈를 뿌린 뒤 180도로 예열된 오븐에 10~15분간 구운 뒤 파슬리가루를 뿌린다.

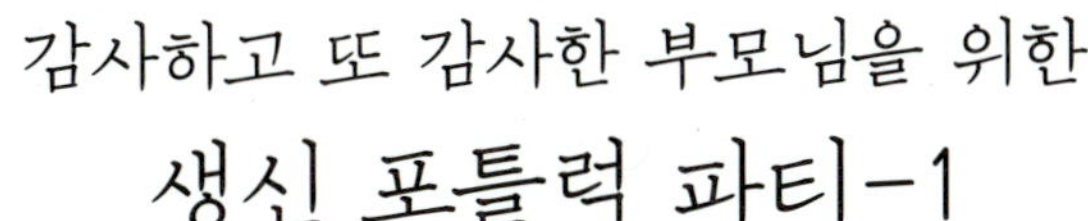

감사하고 또 감사한 부모님을 위한
생신 포틀럭 파티-1

오늘은 사랑하는 부모님의 생신입니다.
가족들이 각자 음식을 한 가지씩 준비해서
생신상을 차려 드리기로 했어요.
평소에 부모님께서 좋아하시는 요리들을
한 가지씩 맡아 준비하니
그 정성은 말할 것 없이 두 배가 되겠죠?
내 손으로 손수 대접하는 정갈한 생신상에
감사한 마음을 담아보세요.

벌꿀 날치알 떡갈비
콩나물 닭고기 냉채
코코넛 쉬림프
모시조개 술찜

벌꿀 날치알 떡갈비

| 2~3인분 |

· 재료 ·

다진 쇠고기 300g, 계란 노른자 1개, 날치알 70g, 다진 마늘 1작은술, 다진 파 2큰술, 식용유 1큰술

양념장 맛술 1큰술, 양조간장 1큰술, 참기름 1작은술, 벌꿀 2큰술, 후춧가루 1작은술

01 양념장 재료를 모두 섞어 양념장을 만들어준다.

02 다진 쇠고기에 양념장과 다진 마늘, 다진 파를 넣고 치댄다.

03 양념이 고루 섞이면 노른자와 날치알을 섞어준다.

TIP

구운 뒤 고명으로 잣가루 등을 뿌려주면 보기에도 좋고 맛도 더욱 좋아진다.

04 양념된 고기를 먹기 좋은 크기로 동글납작하게 빚는다.

05 중불로 달군 팬에 식용유를 약간 두르고 앞뒤로 노릇하게 굽는다.

콩나물 닭고기 냉채

| 3~4인분 |

· 재료 ·

닭가슴살 400g, 콩나물(줄기 부분만) 250g,
홍파프리카 50g, 청피망 50g, 청주 1큰술, 월계수잎 2장

겨자소스 연겨자 2와 1/2큰술, 다진 마늘 1큰술, 양조간장 1큰술,
소금 1작은술, 설탕 3큰술, 식초 4큰술, 매실청 1큰술

01 콩나물은 머리와 꼬리를 떼어 다듬는다.

02 끓는 물에 콩나물을 넣고 살짝 데친 뒤 찬물에 헹궈 물기를 뺀다.

03 닭가슴살은 끓는 물에 청주와 월계수잎을 넣고 10분간 삶는다.

04 식힌 닭가슴살은 결대로 잘게 찢는다.

05 피망과 파프리카는 가늘게 채 썰어 준다. 연겨자, 설탕, 식초, 소금, 양조간장, 다진 마늘, 매실청을 순서대로 넣고 겨자소스를 만든다.

06 접시에 데친 콩나물과 피망, 파프리카를 깔고 위에 닭가슴살을 올린 뒤 겨자소스를 곁들인다.

코코넛 쉬림프

| 4~5인분 |

새우 20마리, 빵가루 80g, 코코넛분말 80g, 계란흰자 1개분, 중력분 100g, 찬물 A 100ml,
후춧가루 1/2작은술, 레몬즙 1큰술, 소금 두 꼬집, 식용유 500ml, 찬물 B 65ml

01 손질한 새우에 소금과 후춧가루, 레
몬즙을 뿌려 밑간을 해준다.

02 계란흰자, 중력분, 찬물 A를 섞어 반
죽을 만든다.

03 빵가루에 찬물 B를 섞고 촉촉하게
만든 뒤 코코넛분말을 섞는다.

04 밑간을 한 새우에 반죽을 입힌다.

05 반죽 입힌 새우에 빵가루를 골고루
입힌다.

06 170도로 예열된 기름에 노릇하게 튀
긴다.

TIP

코코넛 분말은 제과용 코코넛 분말을 사용한다. 만약 코코넛 분말이 없다면 코코넛 롱
으로 대체해도 된다.

모시조개 술찜

| 4~5인분 |

· 재료 ·

모시조개 1근, 청경채 5포기, 미나리 50g, 홍고추 2개, 청주 100ml,
통마늘 2쪽, 쪽파 2대, 소금 1/2작은술, 참기름 1작은술

01 모시조개는 옅은 소금물에 담가 천을 씌워 1시간 정도 해감한 뒤 씻는다.

02 홍고추는 어슷 썰고 마늘은 편을 썰어준다.

03 쪽파와 미나리는 잘게 다진다.

04 중불로 달군 냄비에 참기름을 두른 뒤 마늘편을 볶아준다. 마늘향이 나면 소금을 뿌려가며 청경채를 볶아준다.

05 준비한 모시조개에 청주를 붓고 뚜껑을 덮어 익힌다.

06 조개가 입을 벌리면 준비한 홍고추, 미나리, 쪽파를 넣어 곁들인다.

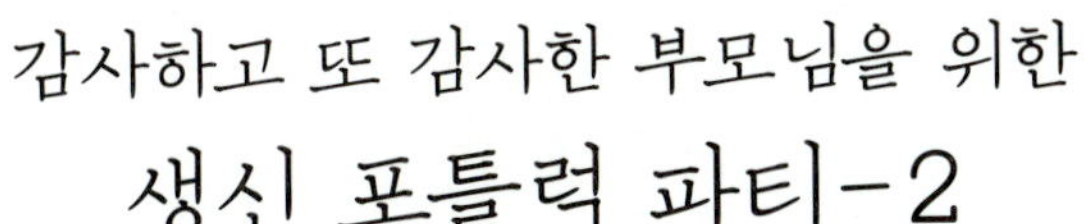

감사하고 또 감사한 부모님을 위한
생신 포틀럭 파티-2

부모님 생신이 다가오니 벌써부터
걱정이 태산입니다.
밖에서 먹는 외식은 편하고 좋지만
어쩐지 성의 없이 느껴지고,
또 사먹는 음식에 만족도도 높지 않고요.
그래서 이번 생신엔 가족들이 각자
한 가지씩 요리를 맡아 부모님께
근사한 생신상을 차려드리기로 했습니다.

양장피
갈릭 포크립 강정
레몬 두부탕수
참치 포키
매실 스무디

양장피

| 4~5인분 |

돼지고기 밑간 돼지고기 300g, 후춧가루 1작은술, 소금 1/4작은술, 청주 1작은술, 감자전분 1큰술, 참기름 1작은술

양장피 100g(양조간장 1큰술, 참기름 1큰술), 오징어 1마리, 새우 20마리, 당근 100g, 청오이 1개, 파프리카 100g, 달걀 2개, 건해삼 30g, 식용유 1큰술, 양파 50g, 애호박 100g, 굴소스 2큰술, 양조간장 1작은술, 다진 마늘 1작은술, 고추기름 1큰술

겨자소스 연겨자 40g, 식초 60ml, 설탕 60g, 다진 마늘 1큰술, 소금 1작은술, 양조간장 1큰술, 찬물 100ml

01 돼지고기는 소금, 청주, 후춧가루, 참기름, 감자전분을 넣고 버무려 밑간을 한다.

02 애호박은 돌려 깎아 채 썰고 양파도 채 썰어준다.

03 오징어는 칼집을 내서 새우와 불린 해삼을 함께 끓는 물에 데친다.

04 양장피는 끓는 물에 10분간 삶아서 건진 뒤 양조간장과 참기름을 넣어 버무린다.

TIP

건해삼은 사용전 미지근한 물에 반나절 정도 불려서 사용한다.

05 오이는 돌려 깎기 한 후 채 썰고 나머지 채소도 오이와 함께 채 썬다.

06 계란은 곱게 풀어 식용유를 두른 팬에 얇게 지단을 부친 뒤 채 썰어준다.

07 연겨자, 식초, 설탕, 다진 마늘, 소금, 양조간장, 찬물을 섞어 겨자 소스를 만든다.

08 팬에 고추기름을 두르고 마늘과 돼지고기를 볶다가 양파, 애호박, 양조간장, 굴소스를 넣어 볶는다.

09 재료를 접시에 담고 먹기 전에 겨자 소스를 뿌려 곁들인다.

갈릭 포크립 강정

| 2~3인분 |

• 재료 •

포크립 700g(약 1줄), 감자전분 50g, 튀김가루 50g,
생강 1쪽, 통후추 1/2큰술, 대파 1대, 월계수잎 2장, 식용유 500ml

갈릭소스 고추기름 2큰술, 다진 마늘 2큰술, 식초 2큰술, 굴소스 1큰술, 맛술 1큰술,
양조간장 1큰술, 설탕 4큰술, 후춧가루 1작은술, 참기름 1작은술, 찬물 100ml

01 핏물을 뺀 등갈비는 끓는 물에 생강, 통후추, 대파, 월계수잎을 함께 넣고 5분 정도 데친다.

02 설탕, 식초, 굴소스, 양조간장, 맛술, 후춧가루, 찬물, 참기름을 섞어 소스를 만든다.

03 데친 등갈비는 찬물에 헹군 뒤 물기를 빼고 튀김가루와 감자전분을 섞어 골고루 묻혀준다.

04 튀김옷을 입힌 등갈비는 180도로 가열한 기름에 노릇하게 튀긴다.

05 팬에 고추기름을 두르고 다진 마늘을 볶는다.

06 마늘향이 나면 소스를 붓고 바글바글 끓이다 튀긴 등갈비를 넣어 버무린다.

TIP

등갈비는 안쪽 껍질을 벗기고 찬물에 1~2시간 물을 갈아주며 핏물을 뺀다.

레몬 두부탕수

| 3~4인분 |

• 재료 •

두부 300g, 감자전분 100g, 식용유 500ml

레몬탕수소스 찬물 200ml, 레몬즙 50ml, 레몬 1개, 감자전분 2큰술,
찬물 2큰술, 소금 1/2작은술, 설탕 100g

01 두부는 한입 크기로 깍둑썰기한 뒤 두부에 전분을 골고루 입힌다.

02 170도로 가열된 기름에 두부를 노릇하게 튀긴다.

03 레몬은 반은 슬라이스하고 반은 즙을 낸다.

04 감자전분과 찬물을 1:1로 섞어 녹말물을 만든다.

05 냄비에 찬물, 소금, 설탕, 레몬즙, 레몬을 넣고 끓인다.

06 바글바글 끓으면 녹말물을 넣고 재빨리 섞어 농도를 맞춰 소스를 만들고 두부와 곁들인다.

참치 포키

| 2~3인분 |

• 재료 •

참치횟감 200g, 날치알 50g, 양조간장 1/2큰술, 다진 파 30g, 참깨 1큰술, 참기름 1작은술, 레몬즙 1작은술, 샐러드 채소 1컵

핫마요소스 타바스코 핫소스 1큰술, 스리랏차 핫소스 1큰술, 마요네즈 3큰술, 설탕 1큰술

01 참치횟감은 깍둑썰기한다.

02 참치에 레몬즙, 양조간장, 참기름, 다진 파, 참깨를 넣고 버무린 뒤 냉장보관한다.

03 샐러드 채소는 씻은 뒤 물기를 제거한다.

04 마요네즈, 설탕, 스리랏차 핫소스, 타바스코 핫소스 순으로 소스를 믹싱한 후 접시에 샐러드 채소, 참치, 날치알을 올리고 소스를 곁들여준다.

매실 스무디

| 2~3잔 |

· 재료 ·

매실청 100ml, 얼음 400g

01 믹서에 얼음을 넣는다.

02 얼음에 매실청을 붓는다.

03 얼음과 매실청을 곱게 갈아준다.

04

한 해를 마무리하며 즐기는
즐거운 크리스마스
포틀럭 파티

연말이 되면 가장 설레는 파티는
바로 크리스마스 파티가 아닐까요?
모처럼 친구들과 함께 파티를 위해
모임 장소를 빌리기로 했습니다.
크리스마스 분위기가 물씬 풍기는
맛있는 요리들과 함께 춥지만 마음만은
따뜻하고 신 나는 크리스마스 파티를
즐겨보고 싶습니다.

———

로스트치킨
글루바인
포테이토 스킨
찹스테이크
관자 오렌지 샐러드

———

로스트치킨

| 4~5인분 |

· 재료 ·

생닭 1kg, 말린 허브 믹스 1큰술, 소금 1/2작은술, 갈릭파우더 1큰술,
녹인 가염버터 3큰술, 올리브유 2큰술, 후춧가루 1작은술,
당근 100g, 감자 200g, 비트 100g, 양파 100g, 브로콜리 70g, 통마늘 20톨

01 손질한 생닭은 포크로 여러 군데 구멍을 뚫어준다.

02 녹인 버터에 소금, 올리브유, 후춧가루, 갈릭파우더, 말린 허브믹스를 섞어준다.

03 닭에 양념을 골고루 묻혀준다.

04 채소는 한입 크기로 먹기 좋게 자른다.

05 오븐 트레이에 채소를 깔고 위에 닭을 올린다.

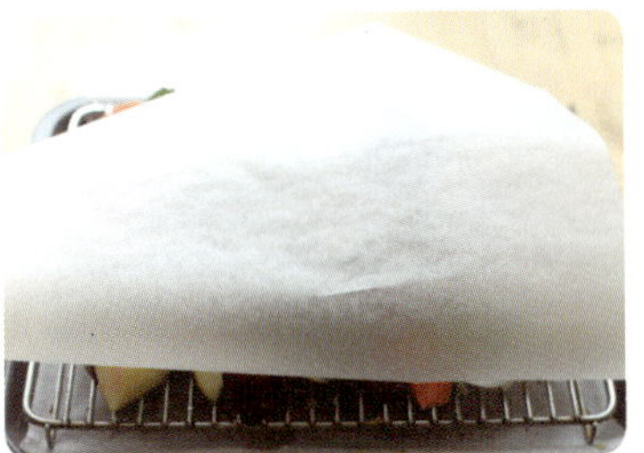

06 종이포일을 덮고 200도로 예열된 오븐에 20분간 굽다가 호일을 벗기고 40분간 더 굽는다.

글루바인

| 5~6인분 |

• 재료 •

오렌지 1개, 사과 1개, 레몬 1개, 시나몬스틱 2개, 정향 10~15개, 꿀 1/ 3컵, 레드와인 1병

01 레몬은 슬라이스하고 사과는 씨를 제거하고 자른다.

02 오렌지 껍질에 정향을 꽂아 반으로 자른다.

03 냄비에 과일과 시나몬스틱을 넣고 와인을 붓는다.

04 센불로 끓이다 끓기 시작하면 약불로 낮춰 20분간 더 끓인다. 마지막에 꿀을 넣어 섞어준다.

포테이토 스킨

| 3~4인분 |

· 재료 ·

감자 4개, 베이컨 100g, 모짜렐라치즈 100g, 체다치즈 100g, 생파슬리 다진 것 30g, 사워크림 약간, 식용유 500ml

01 감자는 반으로 잘라 20~25분간 김이 오른 찜기에 찐다.

02 베이컨은 잘게 썰어 팬에 볶은 뒤 기름기를 빼준다.

03 찐 감자는 한 김 식힌 뒤 가운데 속을 파낸다. 180도로 가열된 기름에 감자를 넣고 노릇하게 튀긴다.

05 튀긴 감자 위에 모짜렐라치즈와 체다치즈를 올리고, 위에 베이컨을 얹어 200도의 오븐에 7분 정도 구운 뒤 위에 파슬리 다진 것을 뿌리고 사워크림을 곁들인다.

찹스테이크

| 3~4인분 |

• 재료 •

쇠고기 안심 300g, 밀가루 1큰술, 소금 1/4작은술, 후춧가루 1작은술, 올리브유 3큰술,
피망 1개, 파프리카 1개, 양송이버섯 10송이, 양파 1개

소스 레드와인 1큰술, 스테이크소스 3큰술, 토마토 페이스트 1큰술, 꿀 1작은술

01 쇠고기는 한입 크기로 썬다.

02 쇠고기에 소금, 후추, 올리브유 1큰
술을 넣고 섞은 뒤 밀가루를 넣고 버무
린다.

03 채소도 한입 크기로 먹기 좋게 썬다.

04 소스 재료를 모두 섞어 소스를 만들
어준다.

05 센불로 달군 팬에 올리브유를 1큰술 두른 뒤 안심을 넣고 노릇하게 볶아준다.

06 센불로 달군 팬에 올리브유 1큰술을 두르고 채소를 재빨리 볶는다.

07 채소를 볶다가 볶아둔 안심을 넣고 섞는다.

08 소스를 뿌려가며 잘 어우러지도록 볶아준다.

MANIFESTATION
DES
MPUISSA
LES PALAIS
DES ATTACTIONS
i 22 November 1894
SAISONS
2 œufs sur le plat
Fromages divers
Confitures
PAIN
APERITIFS 20c
Amer
Bitter. Vermouth
Kirsch 25
Tous les
CAFE CRITIQUE
à toute heure

관자 오렌지 샐러드

| 2~3인분 |

· 재료 ·

오렌지 2개, 관자 200g, 샐러드 채소 1컵, 소금 1/4작은술, 후춧가루 1/4 작은술, 무염버터 1큰술, 레몬즙 1작은술

오렌지 드레싱 오렌지과즙 100ml, 홀그레인머스터드 1큰술, 엑스트라버진 올리브유 2큰술,
화이트와인 비네거 1큰술, 꿀 1과 1/2큰술

01 관자는 두툼하게 썰어 레몬즙, 소금, 후춧가루로 밑간을 한다.

02 오렌지를 과즙기에 내려 과즙을 내 준다.

03 오렌지 과즙, 꿀, 홀그레인머스터드, 화이트와인 비네거, 올리브유 순으로 섞 어 드레싱을 만든다.

04 샐러드 채소는 먹기 좋게 잘라 씻은 뒤 물기를 제거한다.

05 오렌지는 껍질을 벗긴 뒤 안에 과육 만 잘라낸다.

06 센불로 달군 팬에 버터를 녹인 뒤 관 자를 앞뒤로 재빨리 구워 샐러드와 함께 곁들인다.

우리 가족 단합을 위한
즐거운 맛부림!
가족들을 위한 포틀럭 파티

사는 게 뭐 그리도 바쁜지 어쩌면
직장동료들보다, 또 친구들보다
자주 못 보는 사랑하는 나의 가족들!
그런 가족들을 위해 오늘은
가족 단합 파티를 준비할까 합니다.
맛있는 음식들과 함께 가족들과 함께
오붓한 시간을 즐겨 보세요.
분명히 함께하길 참 잘했다는 생각이 들 거예요.

———

스시 케이크
유린기
아코디언 감자구이
훈제오리 무쌈말이
유자 막걸리 칵테일

———

스시 케이크

| 4~5인분 |

갓 지은 밥 500g, 참치횟감 200g, 삶은 계란 3개, 새우 10마리, 날치알 100g, 무순 약간

배합초 소금 1/2작은술, 식초 3큰술, 설탕 3큰술
오이 초절임 청오이 150g, 식초 2큰술, 소금 1/4작은술, 설탕 3큰술

01 오이는 얇게 썰어 소금, 설탕, 식초를 넣고 버무려 30분간 재운 뒤 물기를 꼭 짠다.

02 갓 지은 밥에 배합초를 넣고 섞은 뒤 한 김 식혀준다.

03 삶은 달걀은 노른자와 흰자를 분리해서 흰자는 다지고 노른자는 체에 내려준다.

04 참치횟감은 잘게 깍둑썰기한다. 새우는 끓는 물에 데친 뒤 찬물에 헹궈 물기를 빼준다.

05 틀 안쪽 테두리에 식용유를 얇게 바르고 초밥을 얇게 깔고 절인 오이, 밥, 참치회, 날치알, 밥, 흰자, 노른자 순으로 올린다.

06 맨 위에 새우, 날치알, 무순 등으로 장식한다.

유린기

| 3~4인분 |

• 재료 •

닭다리살 500g, 계란 1개, 감자전분 100g, 소금 1/4작은술, 후춧가루 1작은술, 생강즙 1작은술, 맛술 1큰술,
청고추 1개, 홍고추 1개, 양상추 5장, 어린잎채소 1컵, 식용유 500ml

유린기소스 물 85ml, 양조간장 35ml, 식초 30ml, 설탕 40g, 발사믹 글레이즈 1큰술,
굴소스 1/2큰술, 참기름 1/2작은술

01 닭다리살은 소금, 후춧가루, 맛술, 생
강즙을 넣어 버무린다.

02 물, 양조간장, 식초, 설탕, 굴소스, 발
사믹 글레이즈를 모두 끓인 뒤 마지막에
참기름을 넣는다.

03 밑간을 한 닭다리살에 계란을 넣고
버무린 뒤 전분을 넣고 섞는다.

04 샐러드 채소는 얼음물에 담갔다 물
기를 빼준다.

05 홍고추, 청고추는 얇게 슬라이스한다.

06 170도로 예열된 기름에 닭다리살을
넣고 튀긴 뒤 튀긴 닭고기는 한입 크기
로 썰어 채소 위에 얹고 고추를 올린 뒤
소스를 곁들인다.

아코디언 감자구이

| 3~5인분 |

감자 5개, 무염버터 60g, 올리브유 1큰술, 소금 1/4작은술,
다진 파슬리 1큰술, 파마산치즈가루 1/4컵

01 감자는 양 옆에 젓가락을 놓고 2mm
두께로 슬라이스해준다.

02 올리브유에 소금을 넣고 소금이 녹
도록 섞어준다.

03 감자 사이사이에 올리브유를 발라
준다.

04 감자 위에 버터를 듬뿍 올려 200도
로 예열된 오븐에서 30~40분 굽는다.

05 구운 감자 위에 파마산치즈와 파슬
리가루를 뿌린다.

TIP

감자를 굽는 중간중간 녹아 내린 버터를
끼얹어가며 구우면 더욱 바삭하고 맛있
게 구워진다.

훈제오리 무쌈말이

• **재료** •

무순 50g, 쌈무 1팩, 파프리카 100g, 양파 100g, 훈제오리 200g

겨자소스 강겨자 1큰술, 설탕 2큰술, 식초 2큰술, 소금 1/4작은술

01 훈제오리는 끓는 물에 2분 정도 데친 뒤 식힌다.

02 양파와 파프리카는 가늘게 채 썬다.

03 강겨자, 설탕, 식초, 소금 순으로 섞어 소스를 만든다.

04 쌈무에 훈제오리, 파프리카, 양파, 무순을 올리고 돌돌 말아준다.

유자 막걸리 칵테일

| 2~3인분 |

• 재료 •

막걸리 1컵, 얼음 1컵, 탄산수 1컵, 유자청 100g

01 믹서에 얼음과 막걸리를 넣는다.

02 유자청도 함께 넣고 믹서기로 믹싱한다.

03 곱게 갈아지면 탄산수를 넣고 섞는다.

06

신년에는 더욱 좋은 일만 가득하길
소망하는 마음을 담아
새해 포틀럭 파티

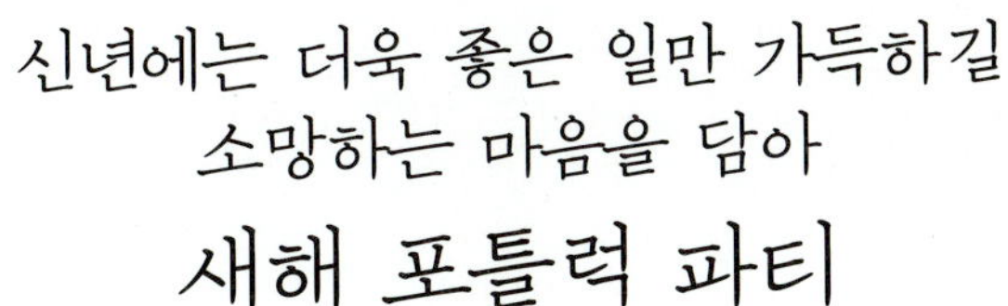

한 해를 새롭게 시작하는 새해에는
올 한 해도 잘 지내보자는 의미에서
뜻이 맞는 사람들과 어울려
신년 파티를 즐기는 분들도 계실 거예요.
올해도 아무 탈 없이 모두의 건강과
행복을 기원하며 다가온 새해를 기쁘게
맞이하며 맛있는 음식과 함께 샴페인으로
가볍게 건배를 하는 건 어떨까요?

—

고추잡채
날치알 새우볶음밥
삼색 과일꼬치 컵 젤리
버팔로 윙
콥 샐러드

—

고추잡채

| 3~4인분 |

피망 150g, 죽순 100g, 표고버섯 100g, 양파 100g, 꽃빵 10개, 굴소스 2큰술, 고추기름 3큰술, 양조간장 1큰술, 참기름 약간,
돼지고기 150g, 흰자 1개 분, 녹말가루 2큰술, 청주 1작은술, 소금 1/4작은술, 후춧가루 1작은술

01 돼지고기는 채 썰어 소금, 후춧가루,
청주, 흰자, 녹말가루를 넣고 버무린다.

02 버섯과 채소는 모두 같은 크기로 채
썬다.

03 팬에 고추기름을 두르고 밑간을 한
돼지고기를 볶아 따로 놓는다.

04 양파, 피망, 표고버섯, 죽순 순으로
넣고 볶다가 간장, 굴소스로 간을 한다.

05 채소와 돼지고기를 섞고 참기름을
살짝 둘러 향을 내고 접시에 담는다.

06 김이 오른 찜기에 꽃빵을 10분간 찐
뒤 함께 곁들인다.

날치알 새우볶음밥

| 2~3인분 |

• 재료 •

날치알 100g, 달걀 2개, 자숙새우 150g, 파프리카 100g, 대파 100g,
치킨스톡 5g, 고추기름 2큰술, 흰쌀밥 300g, 무염버터 1큰술, 식용유 1/2큰술, 후춧가루 1작은술

01 대파와 파프리카는 잘게 썬다.

02 달걀은 곱게 풀어 체에 한 번 거른다.

03 중불로 달군 팬에 식용유 1/2큰술을 넣고 달걀물을 부은 뒤 휘저어 스크램블을 만든다.

04 팬에 고추기름을 넣고 대파, 파프리카를 볶는다. 새우와 날치알, 후춧가루를 넣고 함께 볶는다.

05 버터와 밥, 치킨스톡을 부숴 넣고 볶는다.

06 마지막에 스크램블한 달걀을 섞는다.

삼색 과일꼬치 컵 젤리

| 5~6인분 |

· 재료 ·

키위 100g, 파인애플 100g, 방울토마토 100g, 한천가루 1작은술(약 3~4g),
올리고당 300ml, 레몬즙 2큰술, 찬물 800ml

01 한천가루는 절반의 찬물에 섞어 15분간 불린다.

02 과일은 한입 크기로 먹기 좋게 썬다.

03 꼬치에 과일을 번갈아가며 끼운다.

04 나머지 찬물에 올리고당을 넣고 녹인다.

05 불린 한천과 04번을 섞어 냄비에서 끓기 시작하면 2~3분간 가열한 뒤 식히고 레몬즙을 섞는다.

06 컵에 과일꼬치를 넣고 젤리액을 붓고 냉장고에 30분 이상 차게 식힌다.

버팔로윙

| 4~5인분 |

• 재료 •

닭날개 20개, 청주 1작은술, 레몬즙 1작은술, 후춧가루 1작은술, 올리브유 1큰술, 녹인 가염버터 1큰술

소스 바비큐소스 3큰술, 케첩 1큰술, 핫소스 2큰술, 파프리카 파우더 1작은술,
다진 마늘 1작은술, 파슬리가루 1작은술, 오레가노 1작은술, 바질 1작은술

01 닭날개는 레몬즙, 후춧가루, 청주를 넣고 버무려 밑간을 한다.

02 분량의 소스 재료를 모두 섞어 소스를 만든다.

03 밑간한 닭날개에 소스를 넣고 버무린 뒤 1시간 이상 재운다.

04 소스에 버무린 닭날개는 녹인 버터와 올리브유에 버무린다.

05 180도로 예열된 오븐에 닭날개를 넣고 20분간 굽는다.

06 한 번 뒤집고 남은 소스를 발라 180도로 10분간 더 굽는다.

콥 샐러드

| 4~5인분 |

· 재료 ·

아보카도 1개, 삶은 달걀 2개, 방울토마토 100g, 블랙 올리브 50g, 청오이 200g, 베이컨 100g, 양상추 100g,
체다치즈 100g, 닭가슴살 2쪽, 소금 1/4작은술, 후춧가루 1작은술, 올리브유 1큰술, 식용유 1큰술

랜치드레싱 버터밀크(우유 100ml, 레몬즙 2큰술), 사워크림 100g, 마요네즈 100g, 마늘 2톨,
화이트와인 1큰술, 말린 차이브 1큰술, 다진 파슬리 1큰술, 소금 1/4작은술

01 닭가슴살에 소금, 후춧가루, 올리브
유를 넣고 버무린 뒤 30분간 재운다.

02 우유와 레몬즙을 섞어 뭉글뭉글 덩
어리가 지도록 버터밀크를 만든다.

03 버터밀크에 샤워크림, 마요네즈, 마
늘, 화이트와인, 소금을 넣고 믹싱하고
다진 파슬리, 차이브를 섞는다.

04 달걀은 끓는 물에 분량 외 소금과 식
초를 살짝 넣고 10분간 삶는다.

05 아보카도, 방울토마토, 블랙 올리브, 청오이는 잘게 썰어준다.

06 양상추는 얼음물에 담갔다 건져 물기를 제거한다.

07 베이컨은 노릇하게 구운 후 기름기를 뺀다.

08 닭가슴살은 중불로 달군 팬에 식용유를 두르고 앞뒤로 노릇하게 구워 한입 크기로 썰고 접시에 양상추를 깔고 그 위에 재료를 얹어 드레싱과 곁들인다.

사랑하는 사람을 위한
밸런타인데이 포틀럭 파티

밸런타인데이가 되면
초콜릿을 만드느라 분주해지죠?
연인들의 공식적인 기념일인 밸런타인데이를
더욱 즐겁게 즐기는 방법을 소개해드릴게요.
맛있는 음식들과 함께 독특한
나만의 초콜릿 레시피로 사랑하는 사람들과
즐거운 자리를 마련해보세요.
둘보다는 친구 커플들과 함께
자리를 마련한다면
그 즐거움이 더욱 커지지 않을까요?

———

딸기 초콜릿
초콜릿 피자
명란소스와 웨지감자
애플 치킨 스테이크

———

딸기 초콜릿

| 4~5인분 |

생딸기 20~30개, 제과용 다크커버춰 초콜릿 200g,
초코팬, 견과류, 식용금박 약간

01 딸기를 깨끗하게 씻은 뒤 물기를 제거한다.

02 초콜릿은 중탕으로 녹인다.

03 중탕한 초콜릿에 딸기를 담가준다.

04 딸기를 트레이에 올린 뒤 초코팬, 견과류, 식용금박 등으로 장식하고 굳힌다.

TIP

초콜릿 템퍼링 만드는 방법

01 따뜻한 물에 중탕으로 다크 초콜릿을 올리고 45~50도 사이로 녹여준다.

02 중탕볼에서 내려 28~29도까지 다크초콜릿을 식혀준다.

03 다시 중탕볼에 올려 31~32도까지 초콜릿 온도를 올린 뒤 템퍼링을 마친다.

초콜릿 피자

| 1판 기준 |

· 재료 ·

헤이즐넛 초코스프레드 3큰술, 다크커버춰 초콜릿 50g,
바나나 2개, 딸기 4~6개, 모짜렐라치즈 100g, 마시멜로우 1/3컵

도우(3판 기준) 중력분 250g, 올리브유 10g, 미지근한 물 140ml,
소금 2g, 설탕 3g, 인스턴트 드라이 이스트 3g

01 볼에 미지근한 물, 중력분, 소금, 설
탕, 인스턴트 드라이 이스트를 넣고 반죽
한다.

02 반죽이 하나로 뭉쳐지면 올리브유를
넣고 15분간 더 반죽한다.

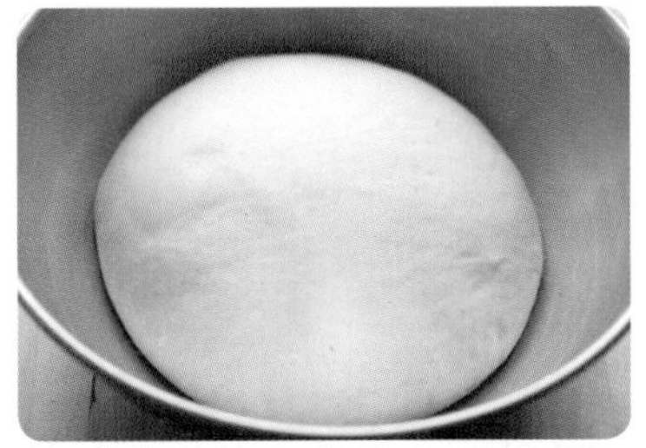

03 반죽이 끝나면 젖은 면보를 덮어 2배
로 부풀도록 1시간 정도 실온 발효한다.

04 발효가 끝나면 반죽을 분할하여 둥글
린 뒤 젖은 면보를 덮어 15분간 휴지한다.

05 휴지가 끝난 반죽은 밀대로 넓게 밀어준다.

06 딸기와 바나나는 먹기 좋게 잘라준다.

07 도우 위에 초코스프레드를 적당히 펴 발라주고 절반의 바나나와 초콜릿을 잘게 다져서 뿌린다.

08 위에 마시멜로우, 모짜렐라치즈를 골고루 뿌린 뒤 210도로 예열된 오븐에 8~10분간 굽는다.

09 구워진 피자에 딸기, 나머지 바나나, 등의 토핑을 취향대로 올린다.

명란소스와 웨지감자

| 3~4인분 |

• 재료 •

명란소스 명란젓 55g, 마요네즈 2큰술, 꿀 1작은술, 레몬즙 1작은술, 생크림 1큰술,

웨지감자 재료 감자 600g, 후춧가루 1작은술, 바질가루 1작은술,
오레가노가루 1작은술, 갈릭파우더 1/2큰술, 녹인 가염버터 2큰술

01 감자는 깨끗하게 씻어 반달 모양으로 잘라준다.

02 감자를 끓는 물에 2분 정도 데친다.

03 데친 감자에 갈릭파우더, 후춧가루, 바질, 오레가노, 녹인 버터를 넣고 버무려준다.

04 트레이에 호일을 깔고 감자를 올린 뒤 180도로 예열된 오븐에 20분간 구워준다.

05 명란젓은 알끈을 제거하고 알만 발라낸다.

06 볼에 명란젓, 생크림, 마요네즈를 넣고 섞다가 꿀과 레몬즙을 넣어 잘 섞어준다.

애플 치킨 스테이크

| 3~4인분 |

• 재료 •

닭가슴살 4쪽, 사과 1개, 후춧가루 1작은술, 소금 1/2작은술,
말린 허브가루 1작은술, 올리브유 1큰술, 무염버터 1큰술

애플 발사믹소스 발사믹글레이즈 2큰술, 사과즙 100ml,
A₁소스 2큰술, 바비큐소스 2큰술, 설탕 2큰술

01 닭가슴살은 2~3등분으로 어슷 썰어
준다.

02 사과는 깨끗하게 씻어 8등분한 후
씨를 빼준다.

03 사과와 닭가슴살에 소금, 후춧가루,
말린 허브가루, 올리브유를 넣어 버무린
뒤 30분간 재워둔다.

04 닭가슴살을 재워둘 동안 분량의 소
스 재료를 모두 넣어 끓인 뒤 농도가 살
짝 되직해지면 불에서 내린다.

05 팬에 버터를 녹인 뒤 치킨과 사과를
넣어 앞뒤로 노릇하게 구운 뒤 소스를 함
께 곁들인다.

08

사랑하는 사람을 위한
로맨틱 화이트데이
포틀럭 파티

밸런타인데이와 더불어 화이트데이는
사랑하는 사람들을 위한
공식적인 기념일이 되었어요.
특히 화이트데이는 남자분들이
여자분들을 위해 자리를 마련하는 만큼
여자분들이 좋아하는
스타일의 요리들을 준비해봤습니다.
마음 맞는 친구분들과 함께
사랑하는 연인들을 위해 파티를 준비해보세요.
함께 즐긴다면 즐거움이 배가 되지 않을까요?

—

바닐라 딸기 티라미수
스터프드 에그
치킨 캐슈넛 볶음
레인보우 스시롤

—

바닐라 딸기 티라미수

| 5~6인분 |

· 재료 ·

생딸기 400g, 카스텔라 또는 제노와즈시트 200g, 마스카포네치즈 345g,
생크림 160g, 플레인요거트 100g, 레몬즙 3큰술, 설탕 110g, 바닐라빈 1개

딸기퓨레 설탕 50g, 딸기 260g, 럼 1큰술

01 바닐라빈은 껍질을 반으로 잘라 칼
등으로 바닐라빈만 긁어낸다.

02 딸기퓨레에 쓸 딸기와 설탕을 곱게
갈아준다.

03 냄비에 딸기와 바닐라빈 껍질을 넣어
바글바글 4~5분 정도 끓여준다.

04 농도가 걸쭉해지면 럼을 넣고 한소
끔 더 끓인 뒤 불에서 내려 식힌다.

05 마스카포네치즈, 설탕을 넣어 설탕
이 녹을 정도로 휘핑한다.

06 설탕이 녹으면 바닐라빈, 휘핑한 생
크림, 플레인요거트, 레몬즙을 섞어 크림
을 만든다.

07 딸기는 먹기 좋은 크기로 슬라이스
해서 준비한다

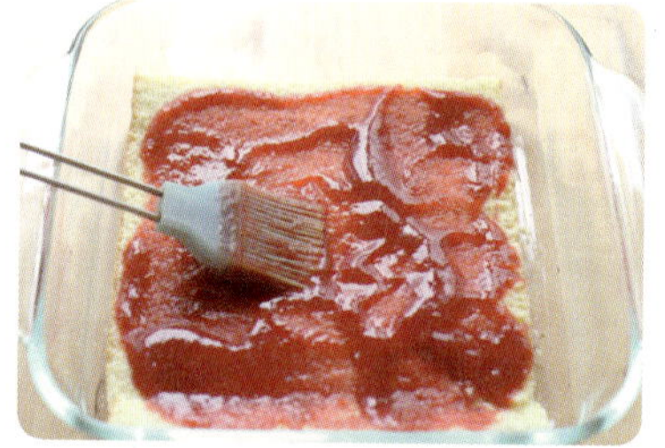

08 용기 바닥에 카스텔라를 깔아주고
식힌 딸기퓨레를 골고루 발라준다.

09 그 위에 슬라이스한 딸기를 듬뿍 얹
어준다.

10 그 위에 크림을 올리고 나머지 딸기
를 올려 장식해준다.

치킨 캐슈넛 볶음

| 2~3인분 |

• 재료 •

닭가슴살 340g, 청경채 3포기, 캐슈넛 1/3컵, 양파 100g, 매운 태국고추 1큰술, 소금 1/4작은술,
호이신소스 2큰술, 후춧가루 1작은술, 녹말가루 2큰술, 설탕 1큰술, 다진 마늘 1작은술, 홍파프리카 100g,
식용유 2큰술, 굴소스 1큰술, 참기름 약간

01 닭가슴살은 한입 크기로 썰어 소금, 후춧가루, 녹말가루를 넣어 버무린다.

02 청경채와 파프리카, 양파는 먹기 좋은 크기로 썰어준다.

03 중불로 달군 팬에 식용유를 두르고 다진 마늘을 넣어 향을 내주고 재워둔 닭가슴살을 넣어 볶는다.

04 닭가슴살이 반쯤 익으면 태국고추, 양파, 파프리카를 넣어 함께 볶는다.

05 재료에 호이신소스, 굴소스, 설탕을 넣어 함께 볶는다.

06 마지막에 캐슈넛, 청경채를 넣고 섞은 뒤 참기름을 살짝 둘러 향을 낸다.

레인보우 스시롤

| 3줄 분량 |

• 재료 •

갓 지은 밥 500g, 초밥용 새우 10개,
훈제연어 100g, 참치 100g, 맛살 100g, 단무지 3줄, 오이 1개, 아보카도 1개, 김밥용 김 3장

배합초 소금 1/2작은술, 식초 5큰술, 설탕 3큰술

01 소금, 식초, 설탕을 섞어 배합초를 만든 뒤 갓 지은 밥에 골고루 섞어준다.

02 오이는 돌려 깎기한 후 잘게 채 썰어준다. 맛살도 단무지와 같은 크기로 잘라주고 참치는 연어 두께로 썰어준다.

03 아보카도는 절반은 1cm 두께로 썰고 절반은 2~3m 두께로 썰어준다.

04 김 위에 밥을 골고루 펴 바른 뒤 손으로 눌러주고 뒤집어준다.

05 김 위에 오이, 아보카도, 단무지, 맛살을 올린 뒤 안쪽부터 단단하게 말아준다.

06 롤 위에 초새우, 아보카도, 참치, 연어를 순서대로 골고루 올려 고정시킨다.

Part 02

아이들을
위한
파티

Party for kids

01

개구쟁이 우리 아이들을 위한
키즈 벌스데이
포틀럭 파티-1

개구쟁이 우리 아이의 생일을 맞이하여
귀여운 꼬마 친구들과 함께
즐거운 파티를 열기로 했습니다.
아이들이 좋아하는 메뉴들로 엄선한
생일 파티에 정신 없이 먹고 있는 사랑스러운
아이들을 보니 절로 웃음이 납니다.

시리얼 롤리팝
미니 햄버거
닭강정
바나나 푸딩
젤리롤 샌드위치

시리얼 롤리팝

| 5~6인분 |

시리얼 300g, 마시멜로 150g, 메이플시럽 30ml,
올리고당 30ml, 무염버터 50g

01 팬에 버터를 녹인다.

02 버터가 녹으면 메이플시럽과 올리
고당, 마시멜로를 넣고 약불로 천천히
녹인다.

03 마시멜로가 다 녹고 걸쭉해지도록
천천히 끓인다.

04 마시멜로가 녹으면 준비한 시리얼을
넣고 섞는다.

05 굳기 전 뜨거울 때 장갑을 끼고 한입
크기로 동그랗게 뭉쳐 막대를 꽂는다.

미니 햄버거

| 5~6인분 |

• **재료** •

패티 다진 돼지고기 300g, 다진 쇠고기 300g, 채썬 양파 200g, 식용유 1큰술,
소금 1/2작은술, 후춧가루 1작은술, 빵가루 1/2컵, 계란 1개, 넛맥 1/4작은술,

케첩 2큰술, 바비큐소스 2큰술, 물 50ml, 식용유 1/2큰술, 모닝빵 6개, 슬라이스 치즈 3장,
토마토 2개, 치커리 50g, 양파 1개, 가염버터 2큰술, 머스터드소스 2큰술

01 양파는 채 썰어 식용유 1큰술을 두른
팬에 갈색 빛이 나도록 중불로 볶는다.

02 다진 돼지고기, 다진 쇠고기에 소금,
후춧가루, 넛맥으로 밑간한 뒤 볶은 양
파, 빵가루, 계란을 넣고 치댄다.

03 고기반죽은 모닝빵 두 배 사이즈로
동글납작하게 빚는다.

04 토마토와 양파는 얇게 슬라이스하고
치커리는 잘라 놓는다.

05 패티는 프라이팬에 식용유 1/2큰술을 두르고 앞뒤로 노릇하게 익혀준다.

06 케첩, 바비큐소스, 찬물을 넣고 끓인 뒤 패티를 넣고 졸여준다.

07 빵 표면에 버터를 골고루 발라준다.

08 치커리, 토마토, 양파, 슬라이스치즈, 패티, 머스터드, 빵 순으로 올려 햄버거를 만든다.

닭강정

| 4~5인분 |

• 재료 •

닭다리살 750g, 소금 1/4작은술, 후춧가루 1작은술, 생강즙 1작은술, 달걀 흰자 70g,
인스턴트 카레가루 1큰술, 박력분 80g, 감자전분 100g, 식용유 700ml, 파슬리 약간, 땅콩 분태 약간

닭강정 소스 다진 마늘 1큰술, 다진 양파 35g, 다진 당근 25g, 케첩 100g, 고추기름 1큰술,
올리고당 100g, 고추장 1큰술, 사과즙 1/2컵, 고춧가루 1작은술, 계피가루 1/2작은술, 식초 1/2작은술

01 닭다리살은 한입 크기로 썰어 소금, 후춧가루, 생강즙으로 밑간한다.

02 양파, 당근은 곱게 다져준다.

03 밑간한 닭다리살에 달걀흰자, 감자전분, 박력분, 카레가루를 넣어 섞는다.

04 170도로 예열된 기름에 닭을 일차로 튀긴 뒤 이차로 바삭하게 한 번 더 튀긴다.

05 팬에 고추기름을 두르고 다진 마늘, 다진 양파, 다진 당근 순으로 볶는다. 볶은 채소에 고춧가루, 계피가루, 케첩, 고추장, 식초, 사과즙, 올리고당을 섞어 걸쭉하게 끓인다.

06 소스가 완성되면 닭튀김을 넣고 버무린 뒤 땅콩 분태와 파슬리가루를 뿌린다.

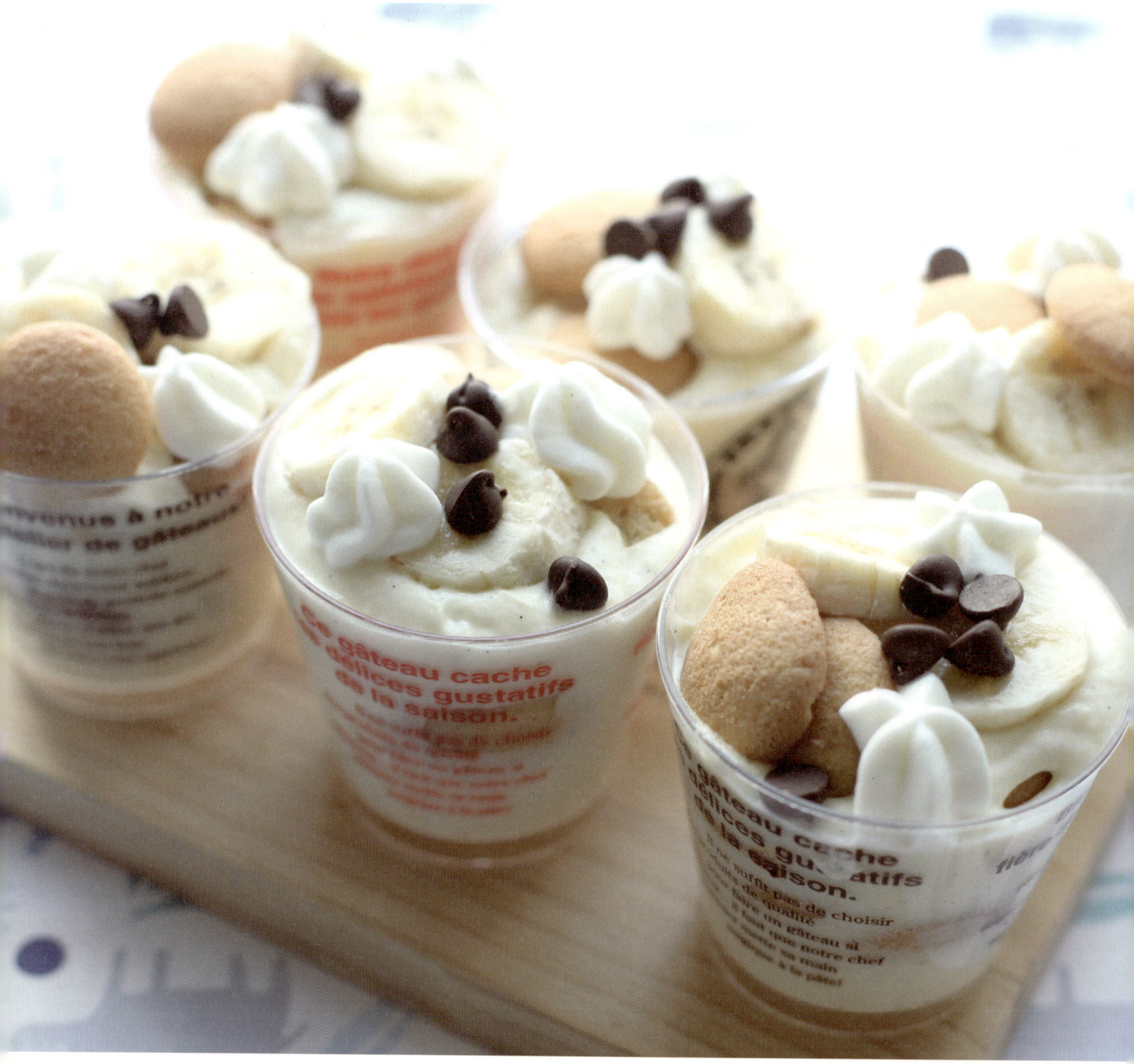
gâteau cache
délices gustatifs
de la saison.

바나나 푸딩

| 5~6인분 |

바나나 3개, 계란과자 100g, 초콜릿칩 50g

커스터드크림 우유 300ml, 달걀 노른자 3개분, 설탕 60g, 바닐라빈 1개,
박력분 20g, 무염버터 15g, 소금 1/4작은술

샹티크림 생크림 300g, 설탕 30g

01 바닐라빈은 반으로 잘라 씨만 긁어 낸다.

02 달걀 노른자에 소금, 설탕, 바닐라빈을 넣고 섞은 뒤 우유를 조금씩 부어가며 섞는다.

03 체 친 박력분을 넣고 섞은 뒤 체에 한 번 걸러 중불로 가열해 걸쭉한 상태가 되도록 계속 저어주며 끓인다.

04 커스터드가 완성되면 버터를 넣고 섞어 표면에 랩을 밀착시켜 냉장고에서 차게 식힌다.

05 생크림에 설탕을 넣어가며 뿔이 단단히 서도록 휘핑해준다.

06 미리 만들어놓은 커스터드와 샹티크림을 2:1 비율로 섞어준다.

07 용기에 크림, 계란과자, 바나나, 크림 순으로 올린다.

08 맨 위에 나머지 샹티크림과 바나나, 초콜릿칩으로 장식한다.

젤리롤 샌드위치

| 4~5인분 |

• 재료 •

식빵 6장, 무염버터 2큰술, 피넛버터 100g, 딸기잼 50g, 포도잼 50g

01 식빵은 사방 귀퉁이를 잘라
낸 뒤 밀대로 한 번 밀어준다.

02 식빵에 버터를 얇게 바른
뒤 잼을 바른다.

03 다른 식빵에는 피넛버터를
골고루 바른다.

04 안쪽부터 돌돌 말아 잘라준
뒤 꼬치에 샌드위치를 꽂는다.

개구쟁이 우리 아이들을 위한
키즈 벌스데이
포틀럭 파티-2

소중한 우리 아이들이 태어난 날을
축하해주기 위해 키즈 파티는 필수가 되었어요.
레스토랑에서 외식을 하는 것도 좋지만
엄마들이 모처럼 솜씨 발휘를 해서 우리 아이들에게
좀 더 안전하고 신선하고 맛있는 음식을
만들어 주는 것도 좋을 것 같아요.
우리 아이들이 좋아하는 메뉴로만
쏙쏙 골라 맛있는 키즈 파티를 열어주세요.

꼬마 핫도그
케이준 치킨 샐러드
토마토 치즈 오븐 파스타
초콜릿 퐁듀

꼬마 핫도그

| 5~6인분 |

비엔나소시지 30개, 빵가루 1컵+찬물 35ml, 설탕 2큰술, 중력분 A 100g,
중력분 B 200g, 달걀 1개, 찬물 85ml, 튀김용 기름 500ml

01 비엔나소시지는 끓는 물에 살짝 데친다.

02 비엔나소시지에 중력분 B를 골고루 묻힌다.

03 중력분 A, 계란, 설탕, 찬물을 섞어 반죽을 만든다.

04 소시지에 반죽을 골고루 묻혀준다.

05 빵가루에 찬물을 섞어 보슬보슬하게 만들어 반죽 입힌 소시지에 입힌다.

06 180도로 가열된 기름에 노릇하게 튀긴다.

케이준 치킨 샐러드

| 4~5인분 |

• 재료 •

닭가슴살 450g, 케이준스파이스 2큰술, 사워크림 70g, 빵가루 160g, 찬물 35ml,
식용유 500ml, 양상추 10장, 치커리 10장, 토마토 2컵, 파프리가 150g

머스터드소스 꿀 4큰술, 머스터드 4큰술, 마요네즈 8큰술

01 닭가슴살은 길게 3등분한다.

02 닭가슴살에 케이준 스파이스를 뿌려 버무린 뒤 닭가슴살에 사워크림을 넣고 버무려 1시간 정도 재운다.

03 빵가루에 찬물을 골고루 섞어 닭가슴살에 골고루 빵가루를 입힌다.

04 180도로 가열된 기름에 노릇하게 튀긴다.

05 소스 재료를 섞어 머스터드 소스를 만든다.

06 샐러드 채소는 먹기 좋은 크기로 잘라 볼에 담고 샐러드 위에 케이준 치킨을 얹고 소스를 뿌린다.

토마토 치즈 오븐 파스타

| 2~3인분 |

· 재료 ·

다진 쇠고기 150g, 당근 50g, 샐러리 50g, 양파 100g, 소금 1/2작은술, 설탕 1큰술, 후춧가루 1작은술,
토마토페이스트 150g, 치킨브로스 1과 1/2컵, 허브믹스 1작은술, 레드와인 3큰술,
올리브유 1큰술, 다진 마늘 1작은술, 파스타면 200g, 모짜렐라치즈 200g

01 당근, 양파, 샐러리는 곱게 다진다.

02 올리브유를 두른 팬에 다진 마늘을
볶다가 양파, 샐러리, 당근을 볶는다.

03 채소가 어우러지면 쇠고기 다짐육과
소금, 후춧가루를 넣고 함께 볶는다.

04 레드와인, 토마토 페이스트, 설탕, 허
브믹스를 넣고 볶다가 치킨브로스를 넣
고 한소끔 끓인다.

05 파스타면은 끓는 물에 8~10분간 삶는다.

06 삶은 면을 토마토소스에 버무린다.

07 용기에 담아 모짜렐라치즈를 올린 뒤 200도로 예열된 오븐에 10분간 굽는다.

초콜릿 퐁듀

· 재료 ·

다크커버춰 초콜릿 200g, 생크림 50ml, 연유 20ml, 마시멜로 1/2컵, 카스텔라 100g,
딸기 1컵, 키위 2개, 바나나 2개, 크래커 약간, 아몬드슬라이스 약간

01 초콜릿에 생크림과 연유를 넣고 중탕하여 녹인다.

02 과일은 한입 크기로 잘라준다.

03 카스텔라도 한입 크기로 잘라준다.

04 중탕하여 녹인 초콜릿을 퐁듀 용기에 옮겨 담고 과일 등을 곁들인다.

03

시원한 바람과 공기를 느끼며
야외에서 즐기는

피크닉 포틀럭 파티

개나리 활짝, 벚꽃이 만개하는 봄,
청명하고 높은
푸르른 하늘과 나뭇잎마다
알록달록 물드는 가을,
소풍의 시즌이 다가왔습니다.
내 손으로 정성스럽게 준비한
도시락을 싸들고
친구들과 또는 가족들과
야외에서 즐기는 피크닉 파티.
생각만 해도 벌써
입가에 미소가 지어지네요.

—

김치 불고기 브리또
롤 샌드위치
살라미 바게트 샌드위치
돈가스 파스타 샐러드
견과류 참치 쌈밥

—

김치 불고기 브리또

| 5~6인분 |

김치 250g, 또띠아 5장, 흰쌀밥 250g, 양상추 100g, 멕시칸치즈 100g,
케이준스파이스 시즈닝 1큰술, 식용유 1큰술, 설탕 1큰술

불고기 양념 쇠고기 등심 300g, 양조간장 1큰술, 다진 마늘 1작은술,
후춧가루 1작은술, 다진 대파 2큰술, 설탕 2큰술, 참기름 1작은술, 양파즙 100ml

01 간장, 설탕, 후춧가루, 다진 마늘, 다진 파, 양파즙, 참기름을 섞어 양념장을 만든다.

02 쇠고기 등심에 양념장을 붓고 섞은 뒤 1시간 정도 재운다.

03 김치는 양념을 털어내고 잘게 다진다.

04 팬에 식용유를 두르고 김치를 볶다가 설탕을 넣고 볶는다.

05 볶은 김치에 밥과 케이준스파이스 시즈닝을 넣어 함께 볶는다.

06 양념에 재운 불고기는 물기가 없어 질 때까지 볶아준다.

07 앞뒤로 살짝 구운 또띠아 위에 볶은 밥, 불고기, 멕시칸치즈, 양상추 순으로 올린다.

08 양 옆을 먼저 접고 안쪽부터 단단하게 말아준다.

롤 샌드위치

| 4~5인분 |

01 오이는 돌려 깎은 뒤 채 썰고, 파프리카도 같은 길이로 채 썬다.

02 햄도 채 썰고 맛살은 결대로 찢는다.

03 머스터드, 마요네즈, 꿀을 섞어 소스를 만든다.

04 식빵은 귀퉁이를 잘라 밀대로 얇게 밀어준다.

05 식빵 위에 허니머스터드소스를 골고루 발라준다.

06 반으로 자른 슬라이스 치즈, 오이, 파프리카, 햄, 맛살을 올리고 안쪽부터 돌돌 말아준다.

살라미 바게트 샌드위치

| 4~5인분 |

· 재료 ·

바게트 빵 1개, 로메인 6장, 가염버터 2큰술, 살라미 6장, 브리치즈 100g

홀그레인 허니 머스터드소스 홀그레인 머스터드 1과 1/2큰술, 마요네즈 3큰술, 벌꿀 2큰술

01 홀그레인 머스터드, 마요네즈, 벌꿀을 섞어 소스를 만든다.

02 로메인은 씻어서 물기를 빼서 준비한다.

03 바게트 빵은 반으로 잘라 안쪽에 가염버터를 골고루 발라준다.

04 바게트 위에 로메인을 올리고 홀그레인 허니 머스터드 소스를 발라준다.

05 바게트 빵 위에 살라미와 치즈를 얹어준다.

돈가스 파스타 샐러드

| 3~4인분 |

· 재료 ·

돈가스 재우기 돼지고기 등심 600g, 양파 150g, 소금 1/4작은술, 후춧가루 1작은술,
중력분 100g, 찬물 80ml, 달걀 1개, 빵가루 1컵

식용유 700ml, 푸실리 100g, 치커리 100g, 양상추 100g, 방울토마토 1컵, 돈가스소스 3큰술

드레싱 올리브유 3큰술, 다진 양파 50g, 발사믹식초 1큰술, 레몬즙 2큰술,
설탕 1큰술, 소금 1/4작은술, 후춧가루 1작은술

01 양파를 강판에 곱게 갈아준다.

02 갈아준 양파에 소금, 후춧가루를 섞어 돼지고기 등심을 재운다.

03 달걀을 풀어 찬물을 섞고 중력분을 섞어 반죽을 만든다.

04 돼지고기 등심에 반죽을 입힌 뒤 빵가루를 골고루 묻힌다.

05 180도로 가열한 기름에 일차로 노릇하게 튀긴 뒤 이차로 한 번 더 튀겨준다.

06 드레싱 재료를 모두 섞어 드레싱을 만든다.

05 푸실리면은 끓는 물에 10분간 삶는다.

06 샐러드 채소와 파스타면을 드레싱에 버무리고 돈가스를 썰어 올린 뒤 돈가스 소스를 뿌린다.

견과류 참치 쌈밥

| 4~5인분 |

청상추 10장, 깻잎 10장, 흰쌀밥 300g, 소금 1/4작은술, 참기름 1큰술, 검은깨 1큰술

견과류 쌈장 견과류 100g, 참치 100g, 된장 2큰술, 고추장 2큰술, 올리고당 3큰술, 참기름 1큰술, 다진 마늘 1작은술, 다진 파 2큰술

01 참치는 캔을 미리 개봉한 후 기름기를 꼭 짜서 준비한다.

02 견과류는 곱게 다진다.

03 참치에 된장, 고추장, 올리고당, 다진 파, 다진 마늘을 넣고 섞는다.

04 견과류와 참기름을 넣어 섞는다.

05 상추와 깻잎은 깨끗하게 씻어 물기를 뺀다.

06 따뜻한 밥에 소금, 검은깨, 참기름을 넣고 섞는다.

07 밥을 한입 크기로 동그랗게 뭉친다.

08 상추와 깻잎에 밥을 올리고 동그랗게 감싼 후 견과류 참치 쌈장을 올린다.

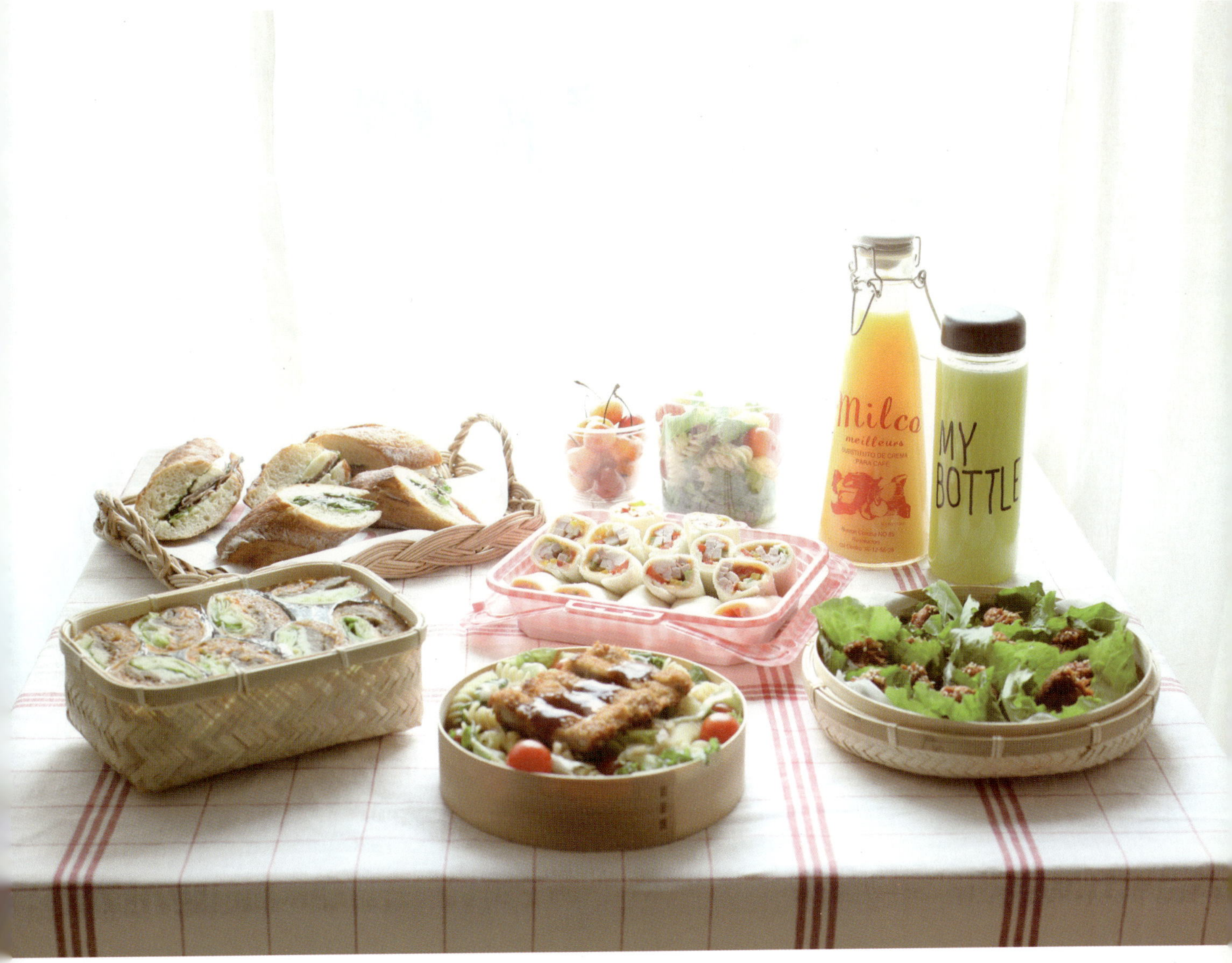
Milco
meilleurs
MY
BOTTLE

04

TRICK or TREAT!
할로윈 포틀럭 파티

사탕 안 주면 장난 칠 거에요!
서양의 문화이자 축제인 할로윈은
어느덧 우리나라에서도
하나의 문화로 자리매김한 것 같습니다.
그럼에도 불구하고 할로윈이
아직 생소하고 어색한 분들을 위해
할로윈 파티를 준비해보았습니다.
아이들은 물론 어른들도
즐겁고 재미있는 파티로 다 함께
즐겨보는 건 어떨까요?

단호박 깔조네
할로윈 컵 케이크
잠발라야
단호박 수프
단호박 햄치즈 크라상 샌드위치

단호박 깔조네

| 3개 분량 |

• 재료 •

껍질 벗긴 단호박 300g, 모짜렐라치즈 100g, 사워크림 2큰술,
설탕 1큰술, 가염버터 1작은술, 소금 1/4작은술

도우 중력분 250g, 올리브유 10g, 미지근한 물 140ml,
소금 2g, 설탕 3g, 인스턴트 드라이 이스트 3g

01 볼에 미지근한 물, 중력분, 소금, 설탕, 인스턴트 드라이 이스트를 넣고 반죽한다.

02 반죽이 하나로 뭉쳐지면 올리브유를 넣고 15분간 더 반죽한다.

03 반죽이 끝나면 젖은 면보를 덮어 2배로 부풀도록 1시간 정도 실온 발효한다.

04 발효가 끝나면 반죽을 분할하여 둥글린 뒤 젖은 면보를 덮어 15분간 휴지한다.

05 휴지가 끝난 반죽은 밀대로 넓게 밀어준다.

06 껍질 벗긴 단호박은 김이 오른 찜기에 20분간 찐다.

07 찐 단호박은 뜨거울 때 으깬 뒤 버터, 설탕, 소금, 사워크림을 섞는다.

08 넓게 펼친 반죽 한쪽에 모짜렐라치즈를 뿌리고 그 위에 으깬 단호박은 얹는다.

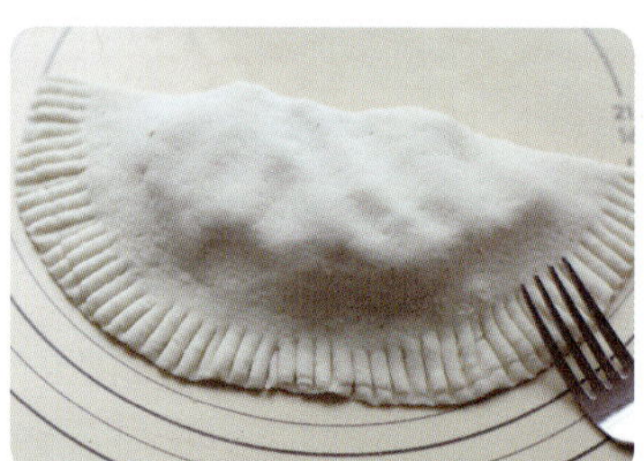

09 으깬 나머지 반죽을 덮고 이음새를 포크로 꼼꼼하게 눌러준 뒤 190°도로 예열된 오븐에 15~20분간 굽는다.

할로윈 컵 케이크

| 14~16개 분량 |

· 재료 ·

박력분 250g, 코코아 파우더 20g, 달걀 2개, 무염버터 113g, 설탕 250g, 소금 1/4작은술,
바닐라 익스트렉 1작은술, 레드 푸드컬러 2작은술, 베이킹소다 1작은술, 베이킹파우더 1작은술,
식초 1작은술, 버터밀크 240ml(우유 235ml, 식초 1작은술), 초콜릿 약간(버튼초콜릿 1/4컵, 초코팬)

상티크림 생크림 250g, 설탕 25g

01 우유와 식초를 섞어 버터밀크를 미
리 만들어준다.

02 10분 이상 지난 버터밀크에 레드 푸
드컬러를 섞어준다.

03 실온의 부드러운 버터를 휘핑한 후
소금, 설탕을 넣고 섞은 뒤 달걀과 바닐
라 익스트렉을 넣고 설탕이 녹도록 휘핑
해준다.

04 부드러워진 버터에 체 친 코코아파
우더와 박력분을 1/3 정도 섞어준다.

05 박력분과 코코아 파우더를 1/3 정도
섞은 뒤 버터밀크를 1/3 섞고, 이 과정을
반복하며 반죽을 만들어준다.

06 베이킹파우더, 베이킹소다와 식초를
섞어서 거품이 나면 반죽에 섞어준다.

07 틀에 반죽을 70% 정도 붓고 180도로
예열된 오븐에 25~30분 정도 구워준다.

08 생크림과 설탕을 섞어 뿔이 살짝 구
부러질 정도의 질감으로 휘핑해준다.

09 컵케이크 위에 생크림으로 아이싱
후 버튼 초콜릿에 초코팬으로 눈을 그려
컵케이크에 장식한다.

잠발라야

| 5~6인분 |

· 재료 ·

재스민라이스 1과 1/4컵, 소시지 200g, 닭가슴살 300g, 양파 150g, 피망 100g, 케이준스파이스 1큰술,
파프리카 100g, 토마토 450g, 다진 마늘 1큰술, 우스터소스 2작은술, 소금 1/2작은술,
스리랏차 핫소스 1큰술, 치킨브로스 2와 1/2컵, 크러쉬드 페퍼 1큰술, 식용유 2큰술, 후춧가루 1작은술

01 소시지, 양파, 파프리카, 피망은 먹기
좋은 크기로 썬다.

02 닭가슴살은 한입 크기로 썰어 케이
준스파이스 시즈닝에 버무린다.

03 팬에 식용유를 두르고 닭가슴살, 소
시지 순으로 볶는다.

04 소시지와 치킨을 볶은 팬에 다진 마
늘, 양파, 피망, 파프리카를 넣어 볶는다.
채소를 볶다가 후춧가루, 소금, 우스터소
스, 핫소스, 크러쉬드 페퍼를 넣는다.

05 모든 재료가 어우러지면 볶아둔 소
시지와 닭가슴살, 토마토를 넣는다.

06 재스민라이스와 치킨브로스를 넣어
뚜껑을 덮고 약불로 줄인 후 25분간 익
힌다.

단호박 수프

| 4~5인분 |

• 재료 •

단호박 300g, 감자 200g, 가염버터 1/2큰술, 찬물 250ml,
생크림 100ml, 우유 300ml, 꿀 1큰술, 소금 1작은술

01 감자와 단호박은 껍질을 벗긴 뒤 얇게 썰어준다.

02 냄비에 버터를 넣고 볶다가 찬물을 넣고 익을 때까지 끓인다.

03 단호박과 감자가 익으면 매셔나 믹서로 곱게 갈아준다. 단호박에 우유와 생크림을 넣고 중불로 저어가며 끓인다.

04 수프의 농도가 걸쭉해지면 소금과 꿀을 넣어 간을 맞춘다.

단호박 햄치즈 크라상 샌드위치

| 5~6인분 |

· 재료 ·

껍질 벗긴 단호박 200g, 설탕 1큰술, 슬라이스 햄 100g, 슬라이스 치즈 5장, 가염버터 3큰술,
설탕 1큰술, 생크림 1작은술, 치커리 50g, 미니 크라상 8~10개

01 단호박은 껍질을 벗긴 뒤 찜기에 20분간 찐다. 찐 단호박은 으깬 뒤 설탕과 생크림을 섞는다.

02 슬라이스 치즈와 슬라이스 햄은 반으로 자르고 치커리는 한입 크기로 자른다.

03 크라상을 반으로 잘라 버터를 바른다.

04 크라상 위에 치커리, 슬라이스 치즈, 슬라이스 햄, 으깬 단호박 순으로 올린다.

Part 03

친구들을
위한
파티

Party with Friends

01

친구들끼리 모여 하하호호!
여유로운 브런치
포틀럭 파티

유명한 미국 드라마를 보면
주인공들이 모여 브런치를 즐기곤 하죠.
더 이상 드라마를 보면서
부러워할 필요 없어요.
우리도 친구들과 모여
즐거운 브런치 파티를 즐겨도 좋잖아요.
아이들을 어린이집으로 보내고 나서
즐기는 브런치는
엄마들만의 꿀맛 같은
휴식시간이 될 거예요.

———

칙피 샐러드
치킨 아보카도 샌드위치
미니 팬케이크 샌드
티 펀치
요거트 파르페

———

칙피 샐러드

| 4~5인분 |

• 재료 •

삶은 병아리콩 500g(불리기 전 약 250g), 찬물 1리터,
방울토마토 100g, 오이 100g, 블랙올리브 50g, 파프리카 100g

드레싱 양파 100g, 화이트와인 식초 4큰술, 레몬즙 1큰술, 올리브유 4큰술,
발사믹식초 2큰술, 소금 1/2작은술, 후춧가루 1/2작은술, 꿀 4큰술, 바질 5g

01 8~10시간 정도 불린 병아리콩은 끓는 물에 30분간 삶는다.

02 삶은 병아리콩은 찬물에 헹군 뒤 식힌다.

03 바질과 양파는 잘게 다진다.

04 잘게 다진 바질과 양파에 드레싱 재료를 섞어 드레싱을 만든다.

05 방울토마토는 반으로 자르고 오이와 파프리카는 병아리콩 사이즈로 잘게 썬다.

06 볼에 재료를 모두 섞고 드레싱을 뿌려 골고루 섞는다.

치킨 아보카도 샌드위치

| 4~5인분 |

· 재료 ·

닭가슴살 250g, 월계수잎 3장, 통후추 1/2큰술, 아보카도 2개, 마요네즈 100g, 후춧가루 1작은술,
소금 1/2작은술, 레몬즙 1큰술, 머스터드소스 1작은술, 양파 100g,
양상추 6장, 토마토 3개, 식빵 6장, 가염버터 50g

01 닭가슴살은 월계수잎과 통후추를 넣고 삶는다.

02 삶은 닭가슴살은 잘게 찢어 마요네즈, 다진 양파, 머스터드소스, 소금, 후춧가루를 넣고 버무린다.

03 양상추는 깨끗하게 씻어 물기를 제거한다.

04 토마토도 슬라이스해서 키친타월을 이용해 물기를 제거한다. 아보카도는 반으로 잘라 씨를 제거하고 슬라이스한다.

05 식빵 한쪽 면에 버터를 골고루 바른다.

06 식빵 위에 양상추, 토마토, 아보카도, 치킨 순으로 얹고 위에 나머지 식빵을 얹는다.

미니 팬케이크 샌드

| 5~6인분 |

• 재료 •

박력분 150g, 소금 1/4작은술, 설탕 30g, 우유 150ml, 녹인 무염버터 30g, 달걀 1개,
베이킹파우더 2g, 베이킹소다 2g, 딸기잼 100g, 크림치즈 100g

01 달걀을 풀어 소금, 설탕, 우유를 섞는다.

02 체 친 박력분, 베이킹소다, 베이킹파우더를 섞는다.

03 녹인 버터를 넣고 섞은 뒤 30분간 실온에서 휴지시킨다.

04 팬에 한 숟가락씩 반죽을 떠서 작게 팬케이크를 부쳐서 식힌다.

05 크림치즈를 원을 그리듯이 팬케이크에 짜서 올리고 그 안에 딸기잼을 올린 뒤 나머지 팬케이크 한 장을 위에 덮어준다.

티 펀치

| 3~4인분 |

· 재료 ·

오렌지 1개, 레몬 1개, 키위 100g, 딸기 100g, 라즈베리 100g, 블루베리 100g,
시럽 100g, 홍차 잎 4큰술, 얼음 2컵, 뜨거운 물 1컵, 찬물 1과 1/2컵

01 홍차 잎에 뜨거운 물을 부어 3분간 진하게 우려 시럽과 찬물을 섞어준다.

02 과일은 먹기 좋게 한입 크기로 자른다.

03 저그에 얼음과 과일을 채운다.

04 저그에 우린 홍차를 붓고 섞는다.

요거트 파르페

| 4~5인분 |

• 재료 •

요거트 1컵, 그레놀라 1컵, 라즈베리 1/2컵,
딸기 1/2컵, 키위 1개, 블루베리 1/2컵, 메이플 시럽 약간

01 과일은 한입 크기로 썬다.

02 용기에 그래놀라를 적당히 깔아준다.

03 그 위에 요거트를 얹는다.

04 요거트 위에 과일을 적당히 올리고 그래놀라와 메이플 시럽을 약간 뿌린다.

따뜻한 사람들과 함께 즐기는
블랙퍼스트 포틀럭 파티

하루를 시작하는 아침!
어쩌면 하루 중에서
가장 바쁜 시간일지도 모르겠지만,
바쁜 와중에도 여유로움을 찾는 것 또한
잊지 말아야 하겠죠?
내가 준비한 따뜻한 아침식사들로
동료들과 함께 잠시나마
여유를 즐기는 것도 좋겠죠?

———

코티지치즈 스콘
오이 샌드위치
후머스
니스풍 샐러드
티 라떼

———

코티지치즈 스콘

| 5~6인분 |

· 재료 ·

박력분 430g, 무염버터 60g, 코티지치즈 285g, 우유 50ml, 달걀 1개,
설탕 2큰술, 베이킹파우더 1작은술, 베이킹소다 1작은술, 소금 1/2작은술, 달걀 노른자 1개

01 박력분, 베이킹파우더, 베이킹소다,
소금, 설탕을 섞고 차가운 버터를 조각
내서 푸드프로세서에 넣고 갈아준다.

02 코티지치즈, 우유, 달걀을 넣고 섞어
준다.

03 반죽이 한 덩어리로 뭉쳐지면 비닐로
싸서 30분~1시간 동안 냉장보관한다.

04 반죽은 2cm 두께로 밀어 3절로 접
은 뒤 다시 2~3cm 두께로 밀어 커터로
모양을 낸다.

05 반죽 표면에 노른자를 골고루 발라
190도로 예열된 오븐에 20~25분간 굽
는다.

TIP

코티지치즈 만들기

재료 우유 1L, 동물성 생크림 500ml, 소금 1/2큰술, 레몬즙 50ml

01 냄비에 우유와 생크림을 섞고 중불
로 끓기 직전까지 뜨겁게 데운다.

02 끓기 직전 소금과 레몬즙을 섞어 골
고루 뿌린 뒤 응고가 시작되면 약불로
줄여 20~30분간 끓인다.

03 유청과 치즈가 분리되면 면보에 걸
러 물기를 뺀 뒤 단단하게 묶어 냉장보
관한다.

코티지치즈란?

코티지치즈는 숙성시키지 않은 연질치즈
로 우유에 스타터를 첨가하여 카제인을 응
고시켜 만든 프레시한 치즈입니다.
흔히들 알고 있는 리코타치즈가 사실은 코
티지치즈입니다.
대다수 분이 코티지치즈 만드는 법을 리코
타치즈 만드는 법으로 잘못 알고 있지만,
정식 명칭은 코티지치즈가 맞습니다.

오이 샌드위치

| 3~4인분 |

· 재료 ·

식빵 4장, 청오이 1개, 크림치즈 100g, 소금 1/4작은술, 후춧가루 1작은술

01 오이는 필러로 얇게 슬라이스한 뒤 키친타월에 올려 물기를 뺀다.

02 식빵 위에 크림치즈를 골고루 펴 바른다.

03 식빵 위에 슬라이스한 오이를 겹치도록 올려준다.

04 테두리를 잘라내고 위에 소금과 후춧가루를 솔솔 뿌린 뒤 테두리를 잘라준다.

후머스

| 5~6인분 |

• 재료 •

병아리콩 삶은 것 480g, 레몬즙 60ml, 타히니 80g, 마늘 2톨, 올리브유 2와 1/2큰술,
소금 1작은술, 큐민 1/2작은술, 찬물 5큰술, 분량 외 올리브유와 파프리카 파우더 약간

01 8~10시간 정도 불린 병아리콩은 끓는 물에 30분간 삶는다.

02 삶은 병아리콩은 찬물에 헹군 뒤 식힌다.

03 타히니와 레몬즙을 섞어 갈아준 뒤 마늘과 올리브유, 큐민, 소금을 넣어 갈아준다.

04 삶은 병아리콩을 절반씩 넣고 갈아준다.

05 찬물을 넣어가면서 곱게 갈아준다.

06 접시에 담고 먹기 전 후머스에 올리브유와 파프리카파우더를 추가해준다.

TIP

후머스는 여러가지 채소스틱과 크래커 등을 곁들여 찍어 먹는다.

니스풍 샐러드

| 3~4인분 |

껍질콩 100g, 참치 1캔, 엔초비 1캔, 블랙 올리브 10알, 방울토마토 1컵, 달걀 2개, 감자 100g, 로메인 100g

드레싱 화이트와인 비네거 4큰술, 소금 1/4작은술, 후춧가루 1작은술, 올리브유 3큰술

01 감자와 달걀은 삶아서 적당한 크기로 썬다.

02 참치캔과 엔초비는 체에 받쳐 기름기를 빼준다.

03 껍질콩은 끓는 물에 30초~1분간 데친 뒤 찬물에 헹궈 식힌다. 로메인은 씻은 뒤 물기를 빼고 한입 크기로 썰어준다.

04 화이트와인 비네거, 소금, 후춧가루, 올리브유를 섞어 드레싱을 만든다.

05 볼에 로메인, 감자, 블랙 올리브, 방울토마토를 담고 드레싱을 뿌려 가볍게 섞는다.

06 위에 계란과 참치, 엔초비를 적당히 올려준다.

티 라떼

| 3~4인분 |

· 재료 ·

홍차 잎 3큰술, 뜨거운 물 100ml, 우유 500ml, 생크림 100ml, 시럽은 취향대로, 시나몬 파우더 약간

01 홍차 잎에 뜨거운 물을 부어 3~5분간 진하게 홍차를 우린다.

02 우유와 생크림을 끓기 전까지 뜨겁게 데운다.

03 데운 우유는 거품기를 이용해 곱게 거품을 낸다.

04 저그에 우린 홍차를 넣고 거품 낸 우유를 섞고 취향대로 시럽을 곁들이고 취향에 맞게 시나몬 파우더를 뿌린다.

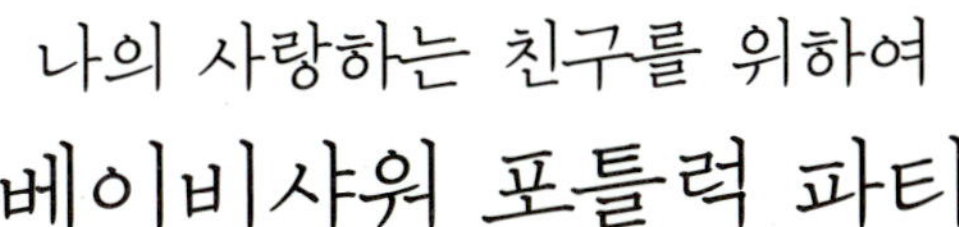

03

나의 사랑하는 친구를 위하여
베이비샤워 포틀럭 파티

사랑하는 내 친구의 소중한 아기를 위한
우리들만의 특별한 선물!
곧 태어날 아기와 친구의
건강과 축복을 위해 모두 함께 모여
즐거운 이야기도 나누고
맛있는 음식도 먹으며 소중한 생명이
태어날 기쁜 날을 미리 축하해주는 것도
참 좋을 것 같습니다.

———

아스파라거스 프리타타
퀴노아 샐러드
갈릭 시푸드 브루스게타
마르게리타 피자
핑크 레모네이드

———

아스파라거스 프리타타

| 3~4인분 |

· **재료** ·

아스파라거스 170g, 양송이버섯 70g, 베이컨 100g,
양파 70g, 달걀 4개, 생크림 100g, 소금 1/2작은술, 후춧가루 1작은술,
파마산치즈 20g, 모짜렐라치즈 50g, 식용유 1/2큰술, 녹인 버터 약간

01 아스파라거스는 밑둥의 질긴 부분은 살짝 잘라내고 필러로 껍질을 벗긴다.

02 양파는 채 썰고 양송이버섯과 베이컨은 한입 크기로 썬다.

03 팬에 식용유를 두르고 아스파라거스에 소금 1/4작은술, 후춧가루 1/2작은술을 뿌려가며 센불에 살짝 굽는다.

04 센불로 가열한 팬에 베이컨을 볶다가 베이컨 기름을 반쯤 걷어내고 양파와 양송이를 볶는다.

05 계란에 소금 1/4작은술, 후춧가루 1/2작은술, 생크림을 넣고 섞는다. 계란에 베이컨, 양파, 양송이 볶은 것을 섞는다.

06 용기에 녹인 버터를 골고루 바르고 달걀물을 붓고 치즈와 아스파라거스를 올린 뒤 180도로 예열된 오븐에 20분간 굽는다.

퀴노아 샐러드

| 3~4인분 |

퀴노아 100g, 찬물 1컵, 소금 1/4작은술, 올리브유 1작은술, 적양파 60g,
파프리카 100g, 오이 100g, 로메인 100g

드레싱 레몬즙 2큰술, 올리브유 4큰술, 화이트와인 비네거 2큰술,
타바스코 2큰술, 후춧가루 1작은술, 말린 허브믹스 2작은술, 소금 1작은술, 설탕 2큰술

01 퀴노아는 3~4번 씻은 뒤 냄비에 퀴노아와 물, 소금, 올리브유를 넣고 센불로 가열한다.

02 끓기 시작하면 약 불로 줄여 15분간 가열한다.

03 드레싱 재료를 모두 섞어 드레싱을 만든다.

04 오이, 파프리카, 적양파는 잘게 썰어준다.

05 로메인은 씻어서 한입 크기로 썬다.

06 볼에 썰어둔 채소와 퀴노아를 넣고 드레싱을 절반 정도 넣고 섞는다. 접시에 로메인을 깔고 위에 퀴노아와 채소를 올린 뒤 취향에 맞게 드레싱을 곁들인다.

갈릭 시푸드 브루스게타

| 3~4인분 |

· 재료 ·

관자 150g, 새우 200g, 치커리 30g, 소금 1/4작은술, 올리브유 1큰술, 가염버터 1작은술
말린 로즈마리 1작은술, 후춧가루 1작은술, 화이트와인 1큰술, 레몬즙 1작은술
통마늘 10톨, 브쉬맨브레드 2개, 무염버터 3큰술, 크러쉬드 페퍼 1작은술

소스 사워크림 3큰술, 레몬즙 1작은술, 설탕 1큰술, 다진 파슬리 1큰술

01 관자와 새우는 먹기 좋은 크기로 잘라 소금, 후춧가루, 레몬즙으로 밑간을 한다.

02 설탕, 레몬즙, 사워크림, 다진 파슬리 순으로 섞어 소스를 만든다.

04 팬에 올리브유와 가염버터를 섞은 뒤 마늘편을 볶아 향을 내고 크러쉬드 페퍼, 로즈마리를 넣는다.

05 밑간한 새우와 관자를 센불에 재빨리 볶으며 화이트와인을 뿌린다.

06 빵은 잘라서 무염버터를 발라 200도로 예열된 오븐에서 3~5분간 굽는다.

06 빵 위에 치커리 잎을 올리고 그 위에 볶은 해산물을 얹고 소스를 뿌린다.

마르게리타 피자

| 3판 |

· 재료 ·

토마토홀 300g, 생모짜렐라 300g, 생바질잎 20g, 올리브유 1큰술, 설탕 1작은술,
물 1/2컵, 치킨스톡 1큐브, 말린 허브믹스 1작은술, 양파 100g, 생파슬리 다진 것 30g

도우 중력분 250g, 올리브유 10g, 미지근한 물 140ml,
소금 2g, 설탕 3g, 인스턴트 드라이 이스트 3g

01 볼에 미지근한 물, 중력분, 소금, 설탕, 인스턴트 드라이 이스트를 넣고 반죽한다.

02 반죽이 하나로 뭉쳐지면 올리브유를 넣고 15분간 더 반죽한다.

03 반죽이 끝나면 젖은 면보를 덮어 2배로 부풀도록 1시간 정도 실온 발효한다.

04 팬에 올리브유를 두르고 다진 양파, 말린 허브를 볶다가 토마토홀 다진 것을 넣어 볶는다.

05 국물이 생기면 치킨스톡과 찬물을 붓고 걸쭉해지도록 끓인 뒤 소스가 완성되면 다진 파슬리와 설탕을 넣고 섞는다.

06 발효가 끝나면 반죽을 분할하여 둥글린 뒤 젖은 면보를 덮어 15분간 휴지한다.

07 휴지가 끝난 반죽은 밀대로 넓게 밀어준다.

08 도우에 토마토소스를 골고루 발라 생모짜렐라치즈를 얹고 200도로 예열된 오븐에서 15분간 구운 뒤 생바질잎을 곁들인다.

핑크 레모네이드

• 재료 •

히비스커스 티백 1개, 레몬 3개, 뜨거운 물 100㎖, 벌꿀 3큰술, 탄산수 2컵

01 뜨거운 물에 히비스커스 티백을 넣고 진하게 우린 뒤 식힌다.

02 레몬은 과즙기를 이용해 즙을 낸다. 레몬즙에 벌꿀을 섞는다.

03 저그에 얼음을 채우고 레몬즙과 히비히커스 차를 넣는다.

04 탄산수를 붓고 섞는다.

오랜 친구들과 함께
파자마 포틀럭 파티

오랜 친구들만큼
편안한 존재가 또 있을까요?
그런 친구들과 모처럼
파자마 파티를 준비하기로 했다면
당신은 어떤 음식을 준비해가고 싶으세요?
편안한 차림으로 갈아 입고
모두 둘러 앉아 밀린 수다들도 실컷 떨면서
입안 가득 맛있는 음식을 마음껏 먹고 나면,
그동안 쌓였던 스트레스 또한
한꺼번에 날려버릴 수 있을 것만 같아요.

———

베이컨 누룽지 샐러드
월남쌈
떡볶이
미고랭
상그리아

———

떡볶이

| 3~4인분 |

• 재료 •

떡볶이떡 400g, 어묵 2장, 양배추 50g, 대파 1대, 깻잎 한 묶음, 식용유 1큰술,
당근 50g, 양파 50g, 참기름 1/2작은술, 찬물 1/2컵

양념 고추기름 1큰술, 고추장 2큰술, 설탕 1큰술, 올리고당 1큰술, 다진 마늘 1/2큰술,
치킨스톡 6g, 양조간장 1/2큰술, 후춧가루 1작은술, 고춧가루 1큰술

01 채소와 어묵은 한입 크기로 썬다.

02 양념장의 재료를 모두 섞어 양념장을 만든다.

03 팬에 식용유를 두르고 당근, 양파, 대파, 양배추 순으로 볶다가 떡볶이떡과 어묵을 넣고 함께 볶는다.

04 채소와 떡이 어우러지면 분량의 양념장을 넣어 함께 볶는다.

05 재료에 양념장이 어우러지면 찬물을 넣고 걸쭉하게 끓인다.

06 떡볶이가 완성되면 마지막에 참기름을 살짝 넣고 깻잎을 올린다.

TIP

떡볶이

치킨스톡이 없을 경우에는 쇠고기맛 분말 조미료를 대신 사용해도 좋다.
떡볶이 떡이 딱딱할 경우 끓는 물에 말랑하게 데쳐서 사용한다.

미고랭

| 2~3인분 |

• 재료 •

달걀국수 200g, 닭가슴살 1쪽, 후춧가루 1작은술, 새우 100g, 다진 마늘 1작은술, 고추기름 3큰술,
양배추 50g, 숙주 100g, 당근 30g, 스트링빈 50g, 달걀 2개, 식용유 1큰술

소스 굴소스 1큰술, 블랙빈소스 1큰술, 스리랏차칠리소스 1큰술, 토마토페이스트 30g, 설탕 1큰술

01 채소와 닭가슴살은 먹기 좋은 크기로 썬다.

02 분량의 소스 재료를 모두 섞어 소스를 만든다.

03 재료를 준비하는 동안 달걀국수는 끓는 물에 2분간 삶은 뒤 물기를 뺀다.

04 팬에 고추기름을 두르고 다진 마늘을 볶다가 닭가슴살과 새우, 후춧가루를 넣고 볶는다.

05 닭가슴살이 익으면 당근, 스트링빈, 양배추 순으로 볶는다. 채소가 익으면 달걀국수와 소스를 넣고 볶다가 숙주를 넣는다.

06 식용유를 두른 팬에 풀어 놓은 달걀을 붓고 젓가락으로 휘저어 스크램블을 만들어 국수에 곁들인다.

TIP

미고랭

달걀국수는 인터넷 식재료 쇼핑몰에서 쉽게 구할 수 있다. 에그누들이라고 검색해서 구입하면 된다.

샹그리아

| 4~5인분 |

• 재료 •

레몬 1개, 오렌지 1개, 사과 1개, 레드와인 2컵, 오렌지주스 1컵,
설탕 3큰술, 시나몬스틱 2개, 보드카 1샷, 탄산수 1컵

01 과일은 먹기 좋게 한입 크기로 썬다.

02 과일에 설탕을 뿌려 고루 섞어 준다.

03 설탕이 녹고 과즙이 나오면 시나몬스틱, 오렌지주스와 보드카, 레드와인을 넣고 섞는다.

04 완성되면 냉장고에 차게 식힌 뒤 먹기 전에 탄산수를 붓고 섞는다.

ORGANIC
COCONUT
WATER
ORGANIC
COCONUT
WATER
iittala

05

더운 여름, 이열치열 청춘을 즐기는
썸머 포틀럭 파티

가만히 있어도
땀이 줄줄 흐르는 무더운 여름!
더워서 힘은 들지만 그래도 사계절 중
가장 열정적이고 가장 다이내믹한
일상을 즐길 수 있는 열정이 넘치는
계절이 아닐까 싶어요.
덥다고 짜증을 내기보다는 더위를 즐기며
파티를 계획해보는 건 어떠세요?
시원한 야외 수영장이나 계곡이 있는
펜션이라면 더욱 즐겁겠죠?

—

얌운센
비시스와즈
텍사스 윙
민트 수박에이드
베이컨 김밥

—

얌운센

| 3~4인분 |

• 재료 •

녹두당면 150g, 새우 200g, 오징어 몸통 1마리분, 방울토마토 1컵, 파프리카 100g,
청오이 50g, 양파 70g, 땅콩 분태 약간, 고수 약간

소스 붉은 고추 1개, 청양고추 1개, 설탕 1큰술, 스리랏차 핫소스 1큰술, 라임즙 2큰술, 피시소스 3큰술

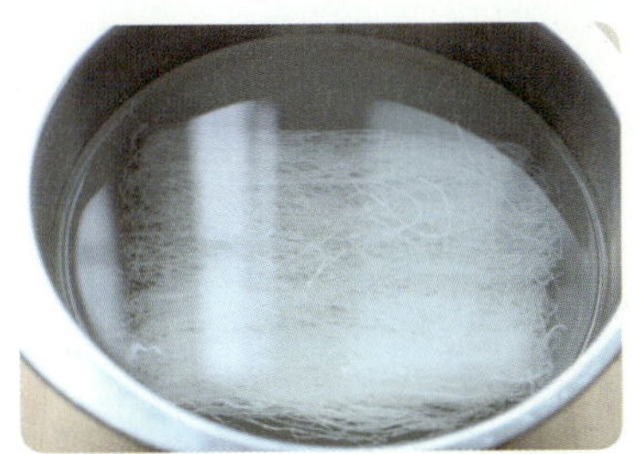

01 녹두당면은 찬물에 1시간 이상 불린다.

02 불린 당면은 끓는 물에 30초간 데친 뒤 찬물에 헹궈 물기를 뺀다.

03 새우와 오징어는 끓는 물에 2분간 데친 뒤 차게 식힌다.

04 채소는 먹기 좋게 썬다.

05 청양고추와 붉은 고추 다진 것에 설탕, 핫소스, 피시소스, 라임즙을 섞어 소스를 만든다.

06 볼에 재료를 모두 넣고 소스를 섞은 뒤 땅콩 분태와 고수를 곁들인다.

비시스와즈

| 4~5인분 |

감자 500g, 대파 흰 부분 70g, 양파 100g, 무염버터 2큰술, 생크림 250ml,
우유 1컵, 소금 1/4작은술, 백후춧가루 1작은술, 치킨브로스 500ml

01 감자는 껍질을 벗겨 0.5cm 두께로 썰고 대파와 양파는 채 썬다.

02 팬에 버터를 녹인 뒤 감자, 대파, 양파, 소금, 백후춧가루를 넣어 볶는다.

03 채소 숨이 죽으면 치킨브로스와 우유를 넣고 끓인다.

04 감자가 익으면 한 김 식힌 뒤 블랜더로 곱게 간다.

05 곱게 간 감자수프에 생크림을 붓고 섞은 뒤 차게 식힌다.

텍사스 윙

| 3~4인분 |

• 재료 •

닭봉 15개, 케이준스파이스 3큰술, 허브 믹스 1작은술, 마늘파우더 1큰술, 청주 1/2큰술,
녹인 무염버터 2큰술, 소금 1/4작은술, 후춧가루 1작은술, 레몬즙 1/2큰술

01 닭봉은 소금, 후춧가루, 마늘파우더, 레몬즙, 청주를 넣고 버무린 뒤 30분간 재운다.

02 재운 닭봉은 180도로 예열된 오븐에서 10분간 굽는다.

03 구운 닭봉에 녹인 버터, 케이준스파이스, 허브를 넣고 버무린다. 시즈닝한 닭봉은 다시 180도의 오븐에서 10분간 굽고 뒤집어서 180도로 5분간 더 굽는다.

민트 수박에이드

· 재료 ·

얼린 수박 800g, 설탕 3큰술, 레몬즙 1큰술, 탄산수 1컵, 애플민트 10g

01 수박은 먹기 좋게 썰어 씨를 빼고 얼린다.

02 믹서에 얼린 수박, 민트잎, 설탕, 레몬즙을 넣고 곱게 간다.

03 탄산수를 수박에이드와 함께 섞는다.

TIP

사용하는 푸드프로세서나 믹서에 얼린 수박이 잘 갈리지 않는다면 탄산수를 섞어가며 갈아준다.

베이컨 김밥

| 4~5인분 |

• 재료 •

베이컨 100g, 밥 500g, 소금 1/4작은술, 참기름 1큰술, 매실청 1큰술, 검은 깨 1큰술,
양파 100g, 단무지 3줄, 상추 6장, 깻잎 6장, 김밥용 김 3장, 마요네즈 약간

01 밥은 뜨거울 때 소금, 매실청, 검은 깨, 참기름을 넣어 섞은 뒤 한 김 식힌다.

02 베이컨은 팬에 노릇하게 구워 기름기를 뺀다.

03 양파는 가늘게 채 썰어 찬물에 잠시 담갔다가 물기를 뺀다.

04 상추와 깻잎은 씻어서 물기를 뺀다.

05 김에 밥을 골고루 얹고 밥 위에 깻잎, 상추, 베이컨, 양파, 단무지, 마요네즈를 올린다.

06 안쪽부터 단단하게 말아준다.

TIP

베이컨 김밥에 소스로 마요네즈와 쌈장을 곁들이면 별미를 즐길 수 있다.

06

즐거운 담소와 함께
흥겨운 분위기를 즐기며
칵테일 포틀럭 파티

서양 영화를 보면 주인공들이
가볍게 칵테일 파티를 즐기는 장면을
많이 보셨을 거예요.
그만큼 서양에서는 가장 쉽게 접하는 파티인데
메뉴 선정이 어려울 것 같다는 이유만으로
그 동안 꺼려지진 않으셨나요?
가볍게 즐기는 핑거푸드 하나씩 준비해서
취향에 맞는 칵테일도 만들어 나눠 마시면
기분 좋은 파티를 이어갈 수 있을 것 같아
벌써부터 기대가 됩니다.

———

햄 스프레드와 크래커, 채소 스틱
베이컨 갈릭 브레드
새우 스틱 춘권
연어 카나페
베리베리 모히또

———

햄 스프레드와 크래커, 채소 스틱

| 4~5인분 |

• 재료 •

당근 1개, 오이 1개, 샐러리 200g, 프레스햄 220g, 후춧가루 1작은술, 마요네즈 5큰술, 크래커 100g

01 프레스햄은 큼직하게 잘라 준 뒤 끓는 물에 살짝 데친다.

02 푸드프로세서에 데친 햄을 넣고 곱게 간다.

03 갈아준 햄에 후춧가루, 마요네즈를 넣어 잘 섞어준다.

04 채소는 먹기 좋게 스틱 모양으로 잘라 크래커와 함께 곁들인다.

베이컨 갈릭 브레드

| 4~5인분 |

· 재료 ·

베이컨 100g, 식빵 4장, 가염버터 100g, 다진 마늘 3큰술, 말린 파슬리가루 1작은술, 후춧가루 1/2작은술, 연유 1큰술

01 실온의 부드러운 버터에 연유, 다진 마늘, 후춧가루, 파슬리가루를 섞는다.

02 식빵에 마늘버터를 골고루 발라 4~5등분해준다.

03 베이컨을 식빵의 절반만 말아준다.

04 180도로 예열된 오븐에 10분간 노릇하게 굽는다.

새우 스틱 춘권

| 4~5인분 |

새우 300g, 깻잎 7장, 소금 1/4작은술, 후춧가루 1작은술, 레몬즙 1/2작은술,
청주 1/2작은술, 춘권피 15장, 계란흰자 1개 분, 식용유 500ml

01 새우살은 곱게 다진다. 다진 새우살에 소금, 후춧가루, 레몬즙, 청주를 뿌려 30분간 재운다.

02 깻잎은 잘게 썬다.

03 춘권피에 달걀 흰자를 골고루 발라준다.

04 춘권피에 잘게 썬 깻잎을 뿌린 뒤 가장자리에 새우 반죽을 올린다.

05 끝부분에 계란흰자를 한 번 더 덧바르고 안쪽부터 돌돌 말아 양쪽 끝부분을 눌러 고정시켜준다.

06 170도로 가열한 기름에 노릇하게 튀겨준다.

연어 카나페

| 4~5인분 |

• 재료 •

크래커 100g, 훈제연어 200g, 날치알 50g, 치커리 50g, 크림치즈 100g,
양파 100g, 케이퍼 1큰술, 홀스레디쉬 2큰술, 레몬 1/2개

01 양파는 잘게 채 썰고 치커리는 한입 크기로 자른다.

02 훈제연어를 반으로 잘라 채 썬 양파를 올린 뒤 돌돌 말아준다.

03 크래커에 크림치즈를 바른 뒤 치커리와 훈제연어를 올려준다.

04 훈제연어 위에 홀스레디쉬, 날치알, 케이퍼를 올리고 먹기 전에 레몬즙을 살짝 뿌려준다.

베리베리 모히또

| 3~4잔 |

• 재료 •

냉동 라즈베리 50g, 냉동 크랜베리 50g, 냉동 블루베리 50g, 애플민트 30g,
라임 2개, 설탕 8큰술, 탄산수 710㎖, 보드카 2온스, 얼음 2컵

01 라임은 4등분한다.

02 저그에 설탕, 민트잎, 라임을 넣고 으깬다.

03 냉동 라즈베리와 크랜베리, 블루베리와 보드카를 넣는다.

04 크러쉬드 아이스와 탄산수를 넣고 섞는다.

The One and Only
NEWCASTLE
BROWN ALE
NEWCASTLE
BROWN ALE
POP CORN!

07

응원 후에 즐기는 짜릿한 맛!
맥주 포틀럭 파티-1

월드컵이나 올림픽이 있는 시즌이면
어김없이 즐기게 되는 맥주 파티!
좋은 사람들과 함께 모여
목이 터져라 응원하고 나면
목도 마르고 허기도 지기 마련이죠.
이럴 때 시원한 맥주 한 잔과 함께
맥주와 어울리는 맛있는 요리들도
허기를 채운다면
응원의 힘이 배가 되지 않을까요?

———

포테이토 칩스
카레 팝콘
퀘사디아
비빔 쫄만두
소시지 페스추리롤

———

포테이토 칩스

| 4~5인분 |

감자 550g, 소금 과 1/2큰술, 찬물 1L, 식용유 500ml

01 감자는 껍질을 벗긴다.

02 껍질 벗긴 감자는 채칼을 이용해 얇게 슬라이스해준다.

03 슬라이스한 감자는 두어 번 씻어 전분기를 빼준다.

04 소금을 녹인 물에 감자를 담가 1시간 동안 냉장보관한다.

05 감자는 채반에 건진 뒤 물기를 일차로 빼고 이차로 키친타월을 이용해 물기를 제거한다.

06 180도로 가열한 기름에 감자를 노릇하게 튀긴다.

07 감자의 겉면이 단단해지면서 가장자리가 살짝 노릇해지면 꺼내서 기름을 뺀다.

포테이토 칩스

기름 안에서 많이 노릇해지면 꺼냈을 때 남은 기름의 열로 인해 타버리는 경우가 있으니, 겉면이 살짝 노르스름해질 때 꺼내야 노릇하고 바삭한 감자칩을 맛볼 수 있습니다.

카레 팝콘

| 4~5인분 |

• 재료 •

팝콘용 옥수수 100g, 인스턴트 카레가루 2큰술, 가염버터 30g, 식용유 3큰술

01 버터를 중탕으로 녹인 뒤 카레가루를 섞어준다.

02 냄비를 가열 후 식용유와 팝콘 옥수수를 넣고 섞는다.

03 지글지글거리며 옥수수가 터지기 시작하면 뚜껑을 덮고 팝콘을 만들어준다.

04 완성된 팝콘에 카레 시즈닝을 골고루 섞어가며 재빨리 섞는다.

퀘사디아

| 5~6인분 |

또띠아 5장, 닭가슴살 180g, 베이컨 100g, 피망 100g, 파프리카 100g, 양파 100g,
후춧가루 1작은술, 아보카도 1개, 레몬즙 1/2작은술, 케이준스파이스 1큰술,
스리랏차 핫소스 1큰술, 모짜렐라치즈 300g, 식용유 1큰술

01 닭가슴살은 잘게 썰어 후춧가루, 레몬즙을 넣어 밑간한다.

02 양파, 파프리카, 피망, 아보카도는 닭가슴살 크기로 잘게 썬다.

03 베이컨은 한입 크기로 썰어 노릇하게 구운 뒤 기름기를 뺀다.

04 팬에 식용유를 두르고 밑간한 닭가슴살을 넣어 볶는다.

05 닭가슴살이 익으면 아보카도를 제외한 채소와 케이준스파이스, 핫소스를 넣고 볶은 뒤 아보카도를 섞는다.

06 또띠아 위에 모짜렐라치즈, 볶은 재료, 다시 모짜렐라치즈 순으로 얹고 또띠아를 반으로 접어 180도로 예열된 오븐에서 10분간 굽는다.

비빔 쫄만두

| 3~4인분 |

• 재료 •

냉동만두 20개, 쫄면 200g, 양배추 100g, 깻잎 1묶음, 양파 100g,
파프리카 100g, 오이 1개, 통깨 1큰술, 식용유 2큰술

소스 고추장 4큰술, 고춧가루 1큰술, 설탕 3큰술, 식초 4큰술,
참기름 1작은술, 매실청 2큰술, 소금 한 꼬집, 통깨 1큰술

01 분량의 양념장 재료를 모두 섞어 양념장을 미리 만들어둔다.

02 채소는 먹기 좋게 한입 크기로 썬다.

03 만두는 식용유를 두르고 앞뒤로 노릇하게 굽는다.

04 쫄면은 끓는 물에 3분간 삶아 건진 뒤 찬물에 헹군다.

05 볼에 채소와 양념장을 넣고 버무린 뒤 접시에 무친 채소와 쫄면, 만두를 담고 통깨를 뿌린다.

소시지 페스추리롤

| 4~5인분 |

페스추리 시트 4장, 비엔나소시지 24개, 달걀 노른자 1개분, 찬물 1큰술

허니 머스터드소스 꿀 2큰술, 머스터드 2큰술, 마요네즈 4큰술

01 소시지는 끓는 물에 2분간 데친 뒤 식힌다.

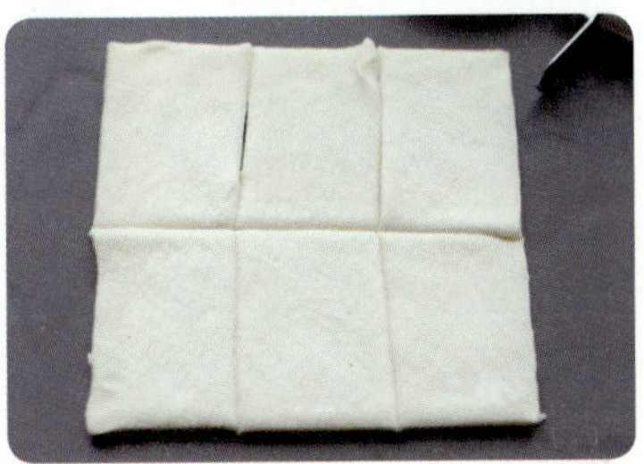

02 패스추리 시트를 소시지 크기에 맞게 잘라준다.

03 패스추리 위에 소세지를 올려 돌돌 말아준다.

04 달걀 노른자에 찬물을 섞어 패스추리 표면에 골고루 바른다.

05 190도로 예열된 오븐에 20분간 굽는다.

06 소시지를 굽는 동안 소스 재료를 섞어 허니 머스터드소스를 만든다.

08

맥주를 사랑하는 사람들 다 모여!
맥주 포틀럭 파티-2

파티에서 가장 대중적으로 즐길 수 있는
주류는 아마도 맥주가 아닐까 싶어요.
맥주는 파티에 빠져선 안 될
가장 중요한 주류이기도 하고요.
우리나라 사람들이 가장 좋아하는
치맥의 조합을 기본으로
맥주와 어울리는 안주들을
엄선하여 준비해봤습니다.
즐거운 맥주 파티를 함께 즐기실 분!

독일식 소시지 구이
골뱅이 무침
치킨 가라아게
고르곤졸라 콘치즈
나쵸피자

독일식 소시지 구이

| 3~4인분 |

• 재료 •

모둠 소시지 500g, 케첩 약간, 디종 머스터드 약간, 식용유 1큰술

사워크라우트 양배추 500g, 화이트와인 비네거 7큰술, 소금 1작은술, 설탕 2큰술, 후춧가루 약간

01 양배추는 가늘게 채 썬다.

02 양배추에 소금, 화이트와인 비네거, 설탕을 넣고 섞는다.

03 양배추 숨이 죽을 정도로 절여준다.

04 절인 양배추는 마른 팬에 후춧가루를 뿌려가며 물기가 없도록 볶아준다.

05 소시지는 칼집을 내준다.

06 팬에 식용유를 두르고 소시지를 앞뒤로 구운 후 케첩, 디종 머스터드, 사워크라우트와 함께 곁들인다.

골뱅이 무침

| 3~4인분 |

· 재료 ·

골뱅이 225g, 깻잎 10장, 대파 채 100g, 오이 100g, 양파 100g, 진미 채 100g, 소면 100g, 통깨 1큰술

양념장 골뱅이 국물 50ml, 양조간장 1큰술, 설탕 2큰술, 매실청 1큰술,
식초 4큰술, 연와사비 1작은술, 다진 마늘 1/2큰술, 고추장 1큰술, 고춧가루 3큰술, 참기름 1작은술

01 골뱅이 캔은 개봉 후 건더기와 국물을 따로 둔다.

02 양념장 재료를 모두 섞어 양념장을 미리 만들어둔다.

03 대파는 채로 썰어 찬물에 여러 번 씻어 물에 담가둔다.

04 진미 채는 찬물에 20분간 불린 뒤 물기를 뺀다.

05 오이, 양파, 깻잎은 먹기 좋은 크기로 썬다.

06 볼에 골뱅이와 진미 채, 양념장을 넣고 무친다.

07 양념이 잘 어우러지면 오이, 양파, 깻잎을 넣고 가볍게 무친 뒤 통깨를 뿌린다.

08 소면을 삶은 뒤 대파 채를 접시에 깔고 골뱅이 무침과 소면을 곁들인다.

치킨 가라아게

| 3~4인분 |

• 재료 •

닭다리살 500g, 양조간장 1큰술, 청주 1큰술, 후춧가루 1작은술, 생강즙 1작은술, 감자전분 50g, 식용유 500ml

01 닭다리살은 손질한 후 한 입 크기로 썬다.

02 한입 크기로 썬 닭다리살은 간장, 청주, 후춧가루, 생강즙을 넣고 버무려 1시간 정도 재운다.

03 재운 닭다리살에 감자전분 을 넣고 버무린다.

04 180도로 가열된 기름에 넣 고 일차로 튀긴 뒤 공기 중에 잠시 두었다 이차로 바삭하게 한번 더 튀긴다.

고르곤졸라 콘치즈

| 4~5인분 |

• 재료 •

스위트콘 400g, 고르곤졸라치즈 50g, 모짜렐라치즈 100g, 파슬리가루 약간

베사멜소스 밀가루 2큰술, 무염버터 2큰술, 소금 1/4작은술,
백후춧가루 1/2작은술, 우유 500ml

01 스위트콘은 개봉 후 물기를 빼서 준비한다.

02 팬에 버터를 녹인 뒤 동량의 밀가루를 넣어 볶는다.

03 버터와 밀가루가 어우러지면 우유를 붓고 덩어리지지 않게 저어가며 끓인다.

04 농도가 걸쭉해지면 소금과 백후춧가루를 넣어 베사멜소스를 만든다.

05 팬에 베사멜소스와 스위트콘을 넣고 섞는다.

06 콘 위에 모짜렐라치즈, 잘게 부순 고르곤졸라치즈를 뿌린 뒤 190도로 예열된 오븐에 10분간 굽고 마지막에 파슬리가루를 뿌려준다.

나쵸피자

| 4~5인분 |

나쵸칩 100g, 피망 50g, 양파 50g, 페퍼로니 100g, 파프리카 50g, 블랙올리브 50g, 타바스코 핫소스 1큰술,
살사소스 2큰술, 케첩 1큰술, 체다지츠 100g, 파마산치즈 30g, 모짜렐라치즈 100g, 마요네즈 약간

01 피망, 파프리카, 양파, 페퍼로니, 블랙 올리브는 잘게 썬다.

02 팬에 나쵸칩을 올리고 마요네즈와 케첩, 살사소스, 핫소스 섞은 것을 골고루 뿌려준다.

03 그 위에 피망, 양파, 페퍼로니, 블랙올리브를 골고루 뿌려준다.

04 체다치즈, 파마산치즈, 모짜렐라치즈를 골고루 뿌린 뒤 200도로 7~10분간 굽는다.

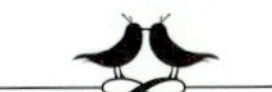

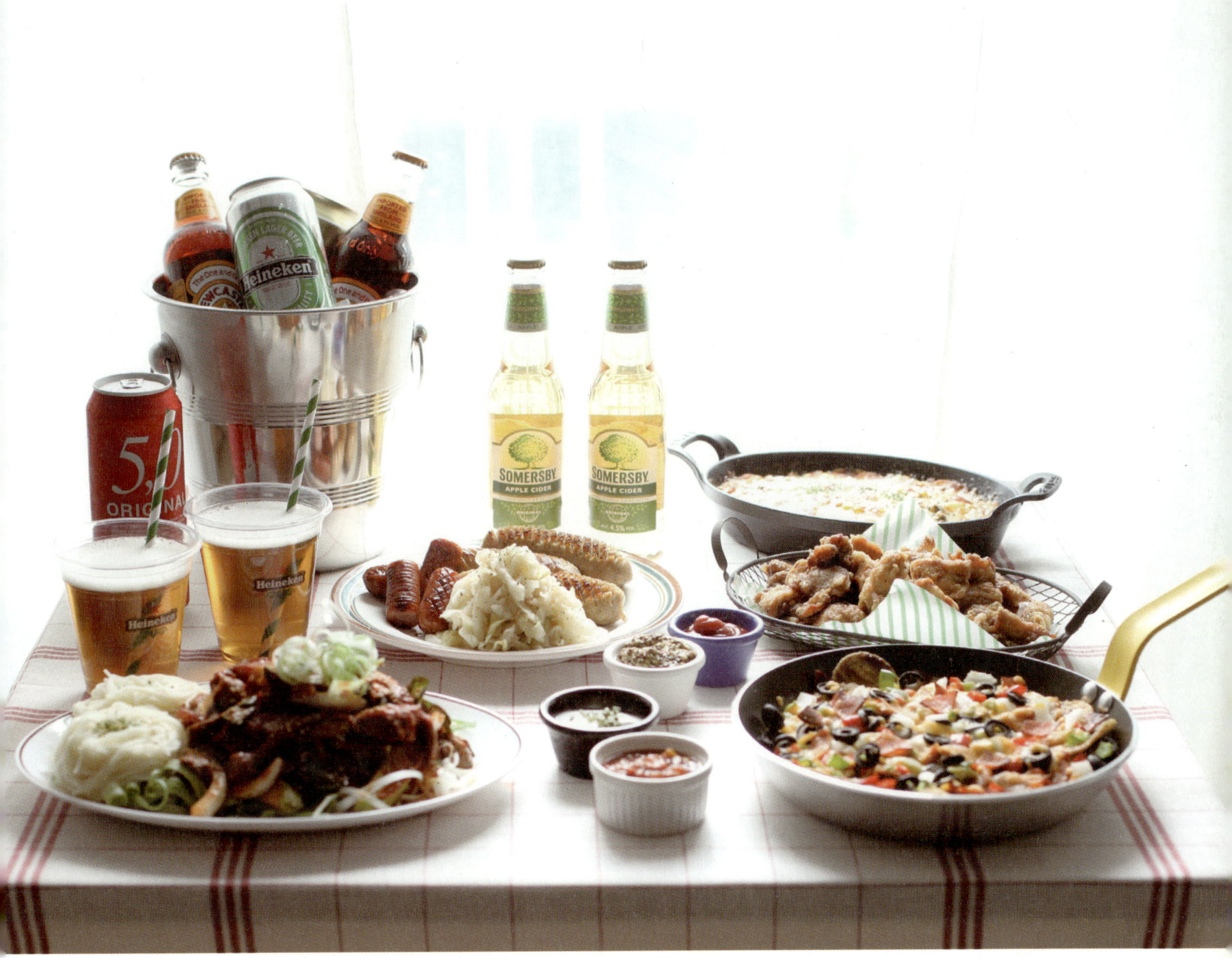
Heineken
SOMERSBY
APPLE CIDER
SOMERSBY
APPLE CIDER

좋은 사람들과 함께하는
와인 포틀럭 파티-1

와인 애호가들이 점점 늘어나는 요즘,
파티에 빠져선 안 될 주류 중 하나인
와인을 더욱 즐겁고 맛있게 즐기는 방법!
와인과 잘 어울리는 요리들을 준비하여
와인과 함께 즐겨보세요.
각자 자신 있는 요리를 맡아
와인 파티에 준비해간다면
분위기 있고 즐거운 파티에
더 큰 기쁨을 줄 거에요.

———

연어 찹스테이크
브리치즈 구이
딸기 카나페
고르곤졸라 파스타

———

연어 찹스테이크

| 4~5인분 |

연어 250g, 올리브유 1큰술, 후춧가루 1작은 술, 소금 1/4작은술, 허브믹스 1작은술,
황적파프리카 60g, 브로콜리 60g, 양파 100g, 캐이퍼 2큰술

소스 양파 30g, 캐이퍼 1큰술, 홀그레인머스터드 1큰술, 레몬즙 1작은술, 마요네즈 2큰술,
설탕 1큰술, 파슬리가루 1작은술, 플레인요거트 1작은술

01 연어는 한입 크기로 깍둑썰기한 후 올리브유, 후춧가루, 소금, 허브믹스를 넣어 버무린 뒤 30분간 마리네이드한다.

02 채소는 연어와 같은 크기로 썰어준다.

03 양파와 캐이퍼는 잘게 다져준다.

04 볼에 홀그레인머스터드, 마요네즈, 요거트, 설탕, 레몬즙, 양파, 캐이퍼, 파슬리 순으로 섞어 소스를 만든다.

05 팬을 센불로 달군 뒤 연어를 먼저 노릇하게 구워준다.

06 연어가 노릇해지면 채소를 넣고 센불로 재빨리 익힌 뒤 캐이퍼를 곁들인다.

브리치즈 구이

| 3~4인분 |

• 재료 •

브리치즈 1개, 견과류 믹스 1/3컵, 건과일 믹스 1/3컵, 꿀 2큰술, 메이플시럽 2큰술

01 브리치즈는 포크 등으로 여러 군데 찔러 구멍을 뚫어준다.

02 견과류와 건과일에 메이플시럽을 넣고 버무린다.

03 치즈 위에 건과일과 견과류를 올려준다.

04 170도로 예열된 오븐에 10분 정도 굽는다. 마지막에 꿀을 골고루 뿌려준다.

딸기 카나페

| 3~4인분 |

• 재료 •

딸기 200g, 크래커 100g, 크림치즈 100g, 애플민트 약간, 딸기잼 3큰술, 초콜릿칩 30g, 아몬드슬라이스 30g

01 딸기는 깨끗하게 씻어 물기를 제거한 후 먹기 좋은 크기로 잘라준다.

02 크래커 위에 크림치즈를 적당히 발라준다.

03 크림치즈 위에 딸기, 애플민트, 초콜릿칩, 아몬드슬라이스를 취향대로 올려준다.

04 위에 딸기잼을 살짝 올려준다.

고르곤졸라 파스타

| 2~3인분 |

• 재료 •

펜네 200g, 생크림 1컵, 우유 100ml, 고르곤졸라치즈 60g,
베이컨 50g, 파슬리 다진 것 1큰술, 후춧가루 1작은술

01 펜네는 끓는 물에 10분간 삶는다.

02 베이컨은 잘게 다져 팬에 볶아 기름기를 제거한다.

03 파슬리는 잘게 다져준다.

04 팬에 우유를 넣고 끓이다 끓기 시작하면 고르곤졸라치즈를 넣고 녹인다.

05 우유와 치즈가 녹으면 생크림을 붓고 뜨겁게 데운다.

06 끓기 직전에 삶아둔 펜네를 넣고 버무린 뒤 마지막에 후춧가루와 다진 파슬리를 섞고 베이컨을 올린다.

10

좋은 사람들과 함께하는
와인 포틀럭 파티-2

추운 겨울!
따뜻한 불빛과
감미로운 재즈가 흐르는 풍경 너머로
잔을 부딪치며 도란도란 나누는
정겨운 이야기들!
이번 와인 파티는 로맨틱하면서도
즐거운 파티가 될 것 같아 생각만 해도
마음이 푸근해집니다.

———

무화과 데이트 견과류 치즈 샌드
살라미 에그 카나페
감바스 알 아히요
멜론 프로슈토 샌드
육포 스트링치즈

———

무화과 데이트 견과류 치즈 샌드

| 5~6인분 |

크림치즈 125g, 견과류 50g, 건무화과 40g, 건데이트 35g, 건크랜베리 20g, 크래커 30개

01 견과류는 듬성듬성 잘게 다진다.

02 건무화과와 건크랜베리, 건데이트도 잘게 다진다.

03 실온의 크림치즈를 부드럽게 풀어 다진 건과일과 견과류를 섞는다.

04 크래커 위에 크림치즈를 두툼하게 바른다.

05 그 위에 나머지 크래커를 올려 샌드한다.

살라미 에그 카나페

| 4~5인분 |

· 재료 ·

살라미 100g, 삶은 달걀 3개, 통마늘 3쪽, 큐브치즈 10개, 바게트 빵 10조각, 마요네즈 2큰술, 후춧가루 약간

01 달걀은 끓는 물에 분량 외 식초와 소금을 약간 넣고 10분 간 삶는다.

02 삶은 달걀은 얇게 슬라이 스한다.

03 어슷 썰어둔 바게트 빵은 200도로 예열된 오븐에 6분간 굽는다.

04 바삭하게 구워진 바게트 빵 표면에 쪼갠 통마늘을 문질러 향을 낸다. 바게트 빵 위에 살라미, 삶은 달걀, 마요네즈, 큐브치즈 를 올린 뒤 후춧가루를 뿌린다.

감바스 알 아히요

| 4~5인분 |

· 재료 ·

새우 20마리, 엑스트라버진 올리브유 100ml, 통마늘 20톨, 페페로치노 10개, 소금 1/4작은술,
후춧가루 1작은술, 바게트빵 1개, 파프리카 파우더 약간, 파슬리 가루 약간

01 손질한 새우는 소금, 후춧
가루로 밑간 한다.

02 마늘은 큼직하게 편으로
썬다.

03 팬에 올리브유를 붓고 데
우다가 마늘, 페페로치노를 넣
고 끓인다.

04 끓기 시작하고 마늘이 살
짝 노릇해지면 준비한 새우를
넣고 3분 정도 끓인다. 새우가
익으면 파프리카 파우더, 파슬
리 파우더를 살짝 뿌려 주고
바게트 빵과 함께 곁들인다.

멜론 프로슈토 샌드

| 4~5인분 |

멜론 300g, 바게트 빵 10조각, 무염버터 3큰술, 프로슈토 50g, 후춧가루 약간

01 멜론은 먹기 좋게 한입 크기로 자른다.

02 바게트 빵은 어슷 썰어 한쪽 면에 무염버터를 발라 준다.

03 버터를 바른 빵은 190도로 예열된 오븐에 5분간 굽는다.

04 빵 위에 멜론, 프로슈토를 얹고 취향에 따라 후춧가루를 뿌린다.

육포 스트링치즈

| 4~5인분 |

· 재료 ·

스트링치즈 3개, 육포 200g

01 육포는 한입 크기로 썬다.

02 스트링치즈를 결대로 4~5
등분해서 찢는다.

03 스트링치즈로 육포를 감싸
말아준다.

11

스시를 좋아하는 사람들의
즐거운 모임!
스시 포틀럭 파티

외식 중에서도 인기 메뉴인

일본 음식 스시!

우후죽순 생겨나는 스시 뷔페도 많고

스시 전문점도 많지만

집에서 홈메이드로 즐기는

스시 파티는 어떠세요?

좋은 사람들과 함께

스시와 어울리는 요리들을

푸짐하게 즐겨봐요.

—

사라다마끼
모둠 스시
와후 샐러드
콘마요스시
쟁반 메밀국수

—

사라다마끼

| 5줄 |

김밥용 김 5장, 갓 지은 밥 500g, 식용유 1큰술, 달걀 2개, 청상추 8장,
마요네즈 50g, 맛살 100g, 양파 50g, 단무지 4줄, 오이100g

배합초 소금 1작은술, 식초 4큰술, 설탕 3큰술

01 불린 쌀은 다시마 1장을 넣어 고슬고
슬하게 짓는다.

02 소금, 설탕, 식초를 섞어 배합초를
만들어 밥에 섞어 한 김 식힌다.

03 달걀은 곱게 풀어 체에 한 번 거른
뒤 식용유를 두르고 도톰하게 부친 뒤
잘라준다.

04 오이와 양파는 가늘게 채 썰어준다.
맛살은 잘게 찢는다.

05 양파와 맛살을 볼에 넣고 마요네즈
를 넣어 버무려 사라다를 만든다.

06 김에 밥을 골고루 깔고 청상추, 사라
다, 단무지, 오이, 달걀을 넣어 안쪽부터
돌돌 말아준다.

모둠 스시

| 4~5인분 |

• 재료 •

스시용 초새우 10개, 스시용 연어 10개, 스시용 게맛살 10개, 스시용 초문어 10개,
갓 지은 밥 500g, 와사비 2큰술, 설탕 3큰술, 식초 3큰술, 소금 1작은술, 마른김 약간

01 불린 쌀은 다시마 1장을 넣어 고슬고슬하게 짓는다.

02 스시용 생선과 새우는 키친타월에 얹어 물기를 빼며 해동해준다.

03 설탕, 소금, 식초를 섞어 배합초를 만든 뒤 갓 지은 밥에 넣고 섞어 식혀준다.

04 밥은 한 숟가락씩 떠서 초밥 모양으로 쥐어준 뒤 와사비를 약간 발라준다. 그 위에 준비한 스시를 얹어 한 번 단단하게 눌러준다.

TIP

게맛살 스시에는 마른김을 띠 모양으로 따로 잘라 둘러준다

와후 샐러드

| 4~5인분 |

· 재료 ·

적채 50g, 양배추 100g, 스위트콘 100g, 양상추 100g, 오이 100g, 당근 50g
와후드레싱 양파 100g, 사과 100g, 양조간장 30cc, 식초 100cc, 미림 25cc, 당근 50g, 설탕 15g, 식용유 50cc, 통마늘 2톨

01 간장, 설탕, 식초, 미림, 식용유를 섞는다.

02 양파, 사과, 당근, 마늘은 강판에 곱게 갈아준다. **01**에 **02**를 섞어 드레싱을 만든다.

03 오이는 필러로 얇게 밀고 적채, 양배추, 당근은 가늘게 채 썬다.

04 접시에 샐러드 채소를 담고 드레싱과 스위트콘을 적당히 올린다.

콘마요스시

| 3~4인분 |

· 재료 ·

갓 지은 밥 250g, 설탕 2큰술, 식초 2와 1/2큰술, 소금 1/4작은술, 스위트콘 200g,
마요네즈 3큰술, 후춧가루 1작은술, 설탕 1큰술, 김밥용 김 3장, 연겨자 2큰술

01 불린 쌀은 다시마 1장을 넣어 고슬고
슬하게 짓는다.

02 설탕, 소금, 식초를 섞어 배합초를
만든 뒤 밥에 섞어 한 김 식힌다.

03 스위트콘은 물기를 빼고 마요네즈,
후춧가루, 설탕을 넣고 섞는다.

04 밥은 한 숟가락씩 떠서 초밥 모양으
로 쥐어준 뒤 연겨자를 약간 발라준다.

05 김은 초밥의 두께와 길이보다 두 배
로 길게 잘라 초밥을 감싸준다.

06 밥 위에 콘마요를 적당히 올려준다.

쟁반 메밀국수

| 3~4인분 기준 |

• 재료 •

메밀면 300g, 오이 1개, 무순 30g, 대파 100g, 무 200g,
와사비 2큰술, 마른 김 1장, 쯔유 300ml(쯔유 200ml+생수 100ml)

고농축 쯔유(1L 기준) 다시멸치 50g, 국물용 가쓰오부시 100g, 마른 표고버섯 30g,
다시마 50g, 생수 1L, 청주 150ml, 설탕 100g, 양조간장 300ml, 미림 100ml

01 쯔유와 생수를 섞어 냉동실에 3시간 정도 살얼음이 생기도록 얼린다.

02 무는 강판에 갈아 동그랗게 모양을 잡는다.

03 대파와 오이는 채 썬다.

04 메밀국수는 끓는 물에 3~5분간 삶아 찬물에 헹군다.

05 접시에 국수와 채 썬 오이, 대파, 마른 김, 무순 등을 올린 뒤 살얼음이 생긴 쯔유를 골고루 뿌리고 와사비와 갈은 무를 곁들인다.

고농축 쯔유 만드는 법

01 찬물에 말린 표고, 다시마, 다시멸치를 넣고 반나절 정도 우린다.

02 우린 재료 그대로 냄비에 넣고 센불에 올려 끓여주고, 끓기 시작하면 다시마는 건져내고 표고버섯과 멸치는 5분 정도 더 끓여준다.

03 건더기를 모두 건져내고 가쓰오부시를 넣어 5분 정도 더 끓인다.

04 끓인 국물은 체에 거른 뒤 청주, 미림, 간장, 설탕을 넣어 10분 정도 중불로 끓인다.

12

친한 사람들 모두 모여
따뜻하게 즐기는
라클렛 포틀럭 파티

라클렛은 스위스 전통 요리로 녹인 치즈를
구운 채소나 삶은 감자 등에 올려 먹는 요리 입니다.
이 라클렛은 몇 해 전부터 한국에서도
유행하기 시작했는데요.
구워먹는 문화가 발달한 우리나라에
잘 맞는 요리이기 때문에
더욱 유행하게 된 것 같습니다.
취향에 맞는 재료들을 준비해 여럿이 모여 앉아
오순도순 구워먹는 재미야말로
한국 사람들 취향에 딱 맞는
서양 요리인 것 같아 파티를
좋아하는 분들을 위해 준비해보았습니다.

———

팽이버섯과 마늘쫑 베이컨말이
쇠고기 채소말이
모둠 채소 소시지 꼬치구이
모둠 햄과 버섯구이

———

팽이버섯과 마늘쫑 베이컨말이

• 재료 •

팽이버섯 100g, 베이컨 100g, 마늘쫑 100g, 후춧가루 약간

01 마늘쫑은 적당한 크기로 자르고, 팽이버섯도 밑둥을 잘라내고 적당한 크기로 자른다.

02 마늘쫑을 반으로 자른 베이컨으로 말아준다.

03 팽이버섯도 반으로 자른 베이컨으로 말아준다.

04 후춧가루를 뿌린 뒤 라클렛 팬에 구워 치즈와 곁들인다.

쇠고기 채소말이

| 3~4인분 |

• 재료 •

쇠고기 등심 300g, 마늘쫑 100g, 파프리카 100g, 당근 100g,
소금 1/4작은술, 후춧가루 1작은술, 찹쌀가루 1/4컵, 식용유 2큰술

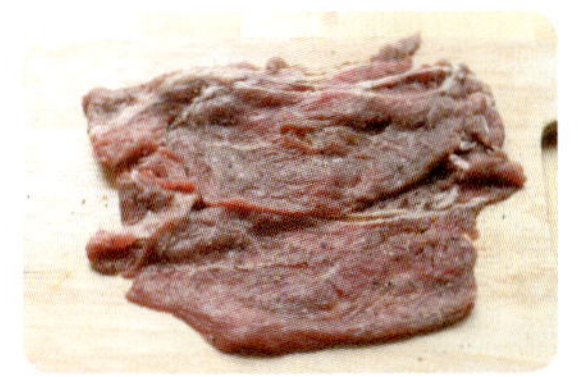

01 쇠고기 등심은 핏물을 빼고 소금과 후춧가루로 밑간한다.

02 파프리카, 당근은 채 썰고 마늘쫑은 같은 크기로 자른다.

03 밑간한 쇠고기에 채소를 올려 돌돌 말아준다.

04 쇠고기에 찹쌀가루를 골고루 묻혀 식용류를 두른 라클렛 팬에 구워 치즈와 곁들인다.

모둠 채소 소시지 꼬치구이

| 3~4인분 |

· 재료 ·

미니 파프리카 100g, 비엔나소시지 200g, 애호박 100g, 가지 100g, 식용유 약간

01 파프리카, 애호박, 가지는 한입 크기로 썬다.

02 소시지는 끓는 물에 데친 뒤 칼집을 내준다.

03 소시지와 채소를 번갈아가 며 꼬치에 꿰어준 뒤 식용유를 두른 라클렛 팬에 구워 치즈와 함께 곁들인다.

모둠 햄과 버섯구이

| 3~4인분 |

• 재료 •

프로슈토 100g, 살라미 100g, 코테키노 100g,
새송이버섯 100g, 양송이버섯 100g

01 프로슈토와 코테키노, 살라미는 먹기 좋게 자른다.

02 새송이버섯은 한입 크기로 썰고 양송이버섯은 밑둥을 떼어낸다.

03 라클렛 팬에 구워 치즈와 함께 곁들인다.

TIP

삶은 감자와 바게트 빵, 치즈 준비하기

재료 감자 5개, 바게트 빵 1/2개, 라클렛 치즈 300g

01 감자는 껍질을 벗긴다.

02 김이 오른 찜기에 20~30분 간 감자가 익을 때까지 쪄준다.

03 바게트 빵은 오븐에 데운 뒤 먹기 좋게 자른다.

04 라클렛 전용 치즈를 기본으로 취향에 맞는 반경성 치즈 등을 준비한다.

TIP

라클렛 치즈는 라클렛 전용 치즈를 기본으로 에멘탈, 아시아고, 콜비잭, 하바티, 뮌스터 치즈 등을 사용해도 좋다.

파티의 즐거움을 함께 나누는
센의 포틀럭 파티 레시피

초판 1쇄 발행 2014년 12월 15일

지은이 공원주
펴낸이 이지은
펴낸곳 팜파스
기획 · 진행 이진아
편집 정은아
디자인 박진희
마케팅 정우룡
인쇄 (주)미광원색사

출판등록 2002년 12월 30일 제10-2536호
주소 서울시 마포구 어울마당로5길 18 팜파스빌딩 2층
대표전화 02-335-3681   **팩스** 02-335-3743
홈페이지 www.pampasbook.com | blog.naver.com/pampasbook
이메일 pampas@pampasbook.com | pampasbook@naver.com

값 16,800원
ISBN 978-89-98537-73-9 13590

이 도서의 국립중앙도서관 출판예정도서목록(CIP)은 서지정보유통지원시스템 홈페이지
(http://seoji.nl.go.kr)와 국가자료공동목록시스템(http://www.nl.go.kr/kolisnet)에서
이용하실 수 있습니다.(CIP제어번호: CIP2014033335)